# 原発被ばく労災

## 拡がる健康被害と労災補償

被ばく労働を考えるネットワーク編

三一書房

# はじめに

　２０１８年３月までに福島第一原発の収束・廃炉作業に約６万５０００人の労働者が従事し、うち４名の労働者に被ばくによる労災が認定されている。これらの労働者は、過酷な収束・廃炉作業に従事したとはいえ、いずれも法定被ばく限度を超えない範囲で働いていた。これらの疾病が業務上によるとして労災を認定した厚労省は、そのプレス発表で「労災認定されたことをもって、科学的に被ばくと健康影響の因果関係が証明されたものではない」と強調した。そしてこの認定について東電は「コメントする立場にない」と述べた。

　この４人の労働者は命の危機に瀕する疾病を発症し、原発での仕事による放射線被ばくが原因と労災が認められたにもかかわらず、法令違反や安全管理上の瑕疵《かし》はなく、何の問題もないとされる。ここに被ばく労働、ひいては原発の矛盾と本質が現れている。

　原発は原発労働者なしには動かない。だが原発労働は、死亡を含む健康影響のリスクをもたらす被ばくが前提となっている。ならば、その結果として労災の可能性がある労働者がいれば、万全の治療や補償と損害賠償が行われるのが当然ではないか。ところが、国や電力会社は「未解明で科学的判別は困難」などと因果関係の存在さえ否定する。

　原発労働者の理不尽な使い捨てと被ばく労災におけるこのような主張は、日本の原発が商業稼働を始めてからずっと続けられてきたことだ。福島原発事故までの45年間で50万人を超える労働者が原発で働き、13名が被ばくによる労災認定を受けた。さらに彼らの背後には、労災とは認められなかったり、疑いを感じながらも請求を断念したり、はたまた周りとの人間関係に配慮して示談ですませた労働者がたくさんいる。しかし、これらがどれほど社会的に問題にされてきただろうか。国や電力会社はもちろんのこと、「見ぬふりをしてきた」私たちの存在が、原発被ばく労働をめぐるこの奇妙な構造と論理を温存させてきたのではないだろうか。

そんな中でも、異議を唱え、自らの尊厳と仲間の安全を取り戻すために、声をあげた何人かの労働者がいた。そして、その労働者を支える家族や仲間の努力により、いくつかの争議や裁判などの闘いがあった。困難な闘いを経て労災認定を勝ち取り、認定対象リストに加えられた疾病もある。これが後にどれほど他の労働者の力になったかは、同じ病名で労災認定を受けている人が複数いることでもわかる。

本書は、２０１２～13年の原発労働の実態（第1章）、これまでの被ばく労災をめぐる闘いの記録（第3章）、そして、被ばく労災をめぐる制度上の問題点の整理と提起（第2章、第4章）という構成になっている。被ばく労働者と市民、労働者同士が広範につながり、労働者の権利の回復と原発の根絶に向けて、本書が寄与することを期待したい。

２０１８年4月

被ばく労働を考えるネットワーク

# 目次

## 第3章　被ばく労災補償をめぐる闘いの記録

## 第４章　原発労働者の健康と安全の確保に向けて

# 第1章　原発労働者は語る

## 収束作業に従事した人を使い捨てにする東電に怒り

### あらかぶさん

あらかぶさん[*1]（仮名、43歳）は、東京電力・福島第一原発の事故収束作業や九州電力・玄海原発の定期検査等に従事し、急性骨髄性白血病に罹患した。さらに「死ぬかもしれない」との恐怖から、うつ病も発症。２０１５年10月、福島第一原発の収束作業に従事した労働者への初めての被ばくによる労災が認定された。

その後２０１６年11月、あらかぶさんは東電と九電に対して損害賠償を求めて提訴。２０１８年４月現在、東京地裁で７回の口頭弁論が開かれている。

#### 「コメントする立場にない」という東電に怒り

裁判に踏み切ったのは、東電の態度が許せなかったからです。２０１５年10月21日、労災認定された次の日の新聞各紙に、労災認定についての記事が載りました。そこに、東電のコメントがあって、「労災認定されたのは協力企業の作業員で、コメントできる立場にない」と。それを見たとき、ふざけるなと思った。そのあと11月に東電は、福島第一原発で働く作業員の人たちを対象とした「労働環境の改善に向けたアンケート結果」を発表したのですが、その中の「福島第一で働くことによる不安」の項目のところにも、「福島第一で作業をされた方が平成27年10月に白血病の労災を認定されましたが、科学的に被ばくと健康影響の因果関係が証明されたものではない」とわざわざ書いてあった。「われわれは安心して働ける職場をつくっていくので、みなさん、安心して働いてください」というのを見たとき、なにをとぼけとるんかと、むちゃくちゃ腹が立ちました。

2017年2月2日、第1回口頭弁論で法廷に立ったあらかぶさんは、次のように意見陳述した。「私が、この裁判を起こした理由は、東電らに自らの責任としっかり向き合ってほしいからです。（略）私は、福島の原発事故収束作業に従事した多くの労働者の一人として、他の作業員たちのためにも、今声をあげる責任があると思い、この裁判に踏み切りました」

## 東北や福島の人たちのために働きたい

2011年3月11日、津波で流された人たちのニュースやインターネットの動画を目の当たりにして衝撃を受けました。いちばん衝撃だったのは、ネットで、ベニヤ板で仕切りされたところに小さい子どもの遺体が写っているのを見たときです。足の大きさから見て3歳くらいの子どもでした。自分には、2歳と5歳と7歳（当時）の子どもがいます。その子と自分の子どもが重なりました。こんなことが起きているのか……何か自分にできることはないだろうか、

と思いよったんです。でも、被災地に行くだけの財力もないし、知り合いもいない。そんなと
きに、自分の働いている会社の社長から、「福島に仕事があるんやけど、行く人がいないから困
った」という話があって、それなら俺が行こうかと。親や妻は、テレビで毎日、第一原発が水
素爆発して放射能が漏れているという報道を見ているので、「行かんでくれ」と言いましたけ
ど、俺は福島や東北のために働くチャンスが来たんかな、と思った。それで、家族の反対を押
し切って、15人くらいの下請けの人たちを連れて福島に行きました。
あらかぶさんは、北九州市の出身。高校を中退して、17歳から鍛冶《かじ》見習いに入り、その後他の仕事をした時期もあったが、長く鍛冶職人として働いてきた。

その技術を活かして、2011年10月から12年1月まで、福島第二原発1～3号機の建屋水密化工事や、4号機の耐震化工事に従事した（元請けは鹿島建設）。水密化工事とは、建屋搬入口の津波対策工事で、搬入口のシャッターに鉄板を貼り、補強する作業である。その後、2012年1月から3月までは、九州電力・玄海原発の定期検査に従事（元請けは三菱重工業）。2012年10月から13年3月まで、今度は福島第一原発に入り、4号機のカバーリング工事等に携わった（元請けは竹中工務店ほかJV）。さらに13年5月から12月には、福島第一原発の雑固体焼却施設（使用済みの防護服や手袋などを焼却する施設）の設置工事と3号機のカバーリング工事に従事した（元請けは鹿島建設）。

## 初めて福島原発の現場を見たとき

最初に入った第二原発は、建物自体は崩れてはいなかったのですが、周りには、津波で流された車がひっくり返ったりがれきの中に垂直に突き刺さっていたりしているような状態でした。

第一原発のほうは、コンクリートの残骸がゴロゴロ。注水に使った消防車も、置きっぱなし。汚染されているから動かせないんでしょうね。ほかにも、作業していたクレーンがひっくり返っていたりして、すごい状況だった。それを、裁判で東電は、自分らが入った2012年頃には、がれきなんかあるわけないと言っとるわけです。でも証拠はあります。その頃の写真をみれば、一目瞭然ですよ。一緒に現場に入った土工の人たちが、がれきを取り除く仕事をしていました。

## 第一原発での仕事

第一原発での最初の仕事は、4号機の作業に使うクレーン設置工事でした。このクレーンは750トンクレーンなんですよ。これが走行するためには、地面に25ミリの鉄板を2枚重ねにして敷き詰めないといけない。その鉄板の溶接の仕事をやりました。建屋のすぐそばです。

次に、燃料取り出し用カバー鉄骨建方工事の基礎工事をやりました。鉄骨を組んで、コンクリートを打つ（コンクリートを打つのは別の業者です）。これを何段も積み重ねていくんです。鉄骨を立てるにはフラットなところには立てられないので、地面を7、8メートル掘り下げて、スラブを貼ってコンクリートを打つんです。鉄骨を立てるための土台をつくる作業です。このカバーの中に、燃料を取り出す天井クレーンと燃料取り扱い機が設置されるのです。

この仕事は、自分から見れば雑鍛冶というか、繊細な鍛冶工の仕事ではなくて、技術力はあまりいらない仕事です。ただ、線量が高い中で、全面マスクをつけて行う作業なので、仕事はしにくいですよ。全面マスクと防護服の間に隙間ができないように目張りしていますから。下を向いたら、全面マスクの中に汗が溜まるんです。それに、曇るし。曇ったからといって、現場では絶対に外せません。外すときは、休憩所へ一度戻らないといけないんです。戻るのにも、ずいぶん時間がかかります。

## 装備

この作業をするときは、本来鉛ベストを着ないといけないのですが、鉛ベストが20着くらいしかなく、人数分ないという状況でした。そこで働いていたのは40人くらいだったと思います。現場の監督は、「着なくてもいいから入れ」などと言って作業をさせました。私も、鉛ベストを着ないで作業したことがあります。

この現場は、元請けが竹中だったのですが、あとで鹿島の下請けで仕事をしたときとの装備の違いに驚きました。竹中の現場では、APD（警報器付きポケット線量計）は鉛ベストの下の胸に1個と、ガラスバッジ（個人が受けた積算の放射線量を測る線量計）だけだったんです。だけど鹿島のときは、鉛ベストの外側にも、線量計とガラスバッジを付けさせられた。鉛ベストを着ても、腕は出ています。鹿島では腕にも線量計を付けました。おそらくこれが法令で定められたやり方だと思います。

4号機の燃料取り出し用カバーの鉄骨を組む仕事に従事するあらかぶさん。鉛ベストを着ていない〔写真提供：あらかぶさん〕

溶接作業をする人は、タイベック（不織布の防護服）の上に、防火の（それ自体には防炎性はないと思うのですが）オレンジのつなぎを着ます。本来は、その上に鉛ベストを着ます。自分らの鉛ベストは、フェンシングの防具のようなごつごつした大きいやつ。だけど竹中の監督には、タイベックの中に着られるダイビングスーツのような最新のものが支給されていました。しかも、自分らの鉛ベストはチャック式なんですけど、チャックが破れているので、ガムテープで止めてあるんです。ガムテープはペラーっとはがれて開いてしまいます。

また、鹿島では、鉛ベストは使うたびにサーベイ（測定）して、汚染されて使えないものははじいてあります。そして、第一原発にある鹿島の倉庫で、何時何分に何番の鉛ベストを貸し出したと記録して監督の印鑑をもらってから着用し、現場に出ていました。ところが竹中では、鉛ベストは4号機のすぐ近くの待合所の外の衣文掛けに、剣道の胴着を掛けるみたいに掛けてあって、どれでも好きなのを着るようにという具合です。常に野ざらしになっていて、サーベイもされていません。ヘルメットもそう。誰が使ったかもわからんようなヘルメットで、コンクリのカスが付いていているようなものでした。ほんとにずさんでした。

## 一日の仕事の流れ

広野町にあるJヴィレッジに朝6時頃集まり、そこで着替えをして、APDを借ります。今は、APDの貸し出しは第一原発の入り口にある入退域所でしていますが、当時は、Jヴィレッジでしていました。朝礼をして、それからバスに乗って、40分くらいかけて第一原発へ行きます。着くのは7時頃で、7時40分くらいから作業が始まります。労働時間は1時間半ぐらい。休憩が1時間あって、もう一度1時間半働いて終わりです。昼には戻れよったですね。

現場は線量が高いので、それ以上は働けません。労働時間だけ見たら、朝行って昼には帰れるので、こんなおいしい職場はないと思うかもしれないけれど、放射能を浴びるというリスクがありますから。

## 安全体制

安全に関するミーティングは、ありました。でも、4号機の竹中の現場では、ミーティングで「ここは危険」というような指示は、ほとんどなかったですね。また、放管（放射線管理員）はおるけど、「まだやってるの？　早く終わって」みたいな、なあなあだったですね。ほんとは、放射線管理区域の現場では放管がついて回らないといけないんです。で、放管が「線量が高いので、ストップ」と言ったら、まだ仕事が残っていてもやめんといけんのですよ。そういう教育は最初に受けましたが、実際には、一般の現場と変わらなかったですね。

燃料取り出し用カバー鉄骨建方工事の現場は、スラブ架台がジャングルジムみたいになっています。中は迷路みたいになっていて、俺らはその中で作業をしていましたが、監督も放管もほとんど中に入らなかった。上から「おーい、まだ終わらんの？」と言われて、「まだまだ」と。そんな感じで仕事をしていました。それが当たり前だと思っていたんです。

そのあと3号機の鹿島建設の現場に入ったときに、なんでこんなに厳しいの？と思いました。まず、現場に入る前に、線量をどれだけ浴びるかという線量計画書に、どの現場でどんな作業をするかというのを全部記入しないといけないんです。竹中のときは一切そんなのはなかった。鉛ベストも、着ていないと作業はできないというのが当たり前。当時、自分らは、鹿島はうるさいと思っていました。たとえば、線量計画書を提出していなかったら、上の人が来て「今日は作業ができない」と言われる。給料はもらえるんですけど。鹿島の監督に、「竹中はこんなに厳しくなかったよ」といったら「うそやろ。ひどいね」と言っていました。

## 始末書

第二原発でも第一原発でも、APDが鳴ることがありました。線量オーバーすることもありましたね。線量オーバーしたときは、俺らが呼ばれて、始末書を書かされるんです。「なんでそんなに被ばくしたの？」と、被ばくした俺らが悪いみたいな感じで言われます。作業が終わったら、体が汚染していないかを測る機械を通るんですよ。ピーッと鳴ったら、シャツやパンツも、自分のものだけど没収されます。それで、始末書を書かされ、どこで、どういう作業をしとったかも書かされます。

なんで、俺らが始末書を書かないといけないのだ

**表1　あらかぶさんの裁判提訴までの経緯**

| | | |
|---|---|---|
| 2011年 | 10月〜11月 | 福島第二原発1〜3号機建屋の水密化工事 |
| | 11月〜12年1月 | 福島第二原発4号機建屋の耐震化工事 |
| 2012年 | 1月〜3月 | 玄海原発4号機定期検査 |
| | 10月〜13年3月 | 福島第一原発4号機のカバーリング工事 |
| 2013年 | 5月〜12月 | 福島第一原発雑固体焼却施設の設置工事等 |
| 2014年 | 1月 | 白血病と診断される |
| | 3月 | 労災申請 |
| | 5月 | うつ病を発症 |
| 2015年 | 10月 | 白血病で労災認定される |
| 2016年 | 5月 | うつ病で労災認定される |
| | 11月 | 東電と九電に対して損害賠償請求裁判提訴 |

ろうと、疑問を持っていました。東電や元請けが「被ばくさせてすみませんでした」と言うんだったらわかるのですが。被ばくしたのは自分が悪いということを植えつけるためなんでしょうかね。

## 危険手当

福島第一原発の収束作業には、危険手当が相当出ていたと言われるけれど、俺らは2000円しか受け取っていませんでした。一次下請けのA工業が、二次下請けである自分の会社に1日6000円しか払っていなかったんですよ。そこから、会社が積立にするからと4000円差し引いて、俺たちに渡したのは2000円でした。あとでわかったのですが、A工業には、2万円出ていたらしいです。

当時俺たちは、危険手当はどうでもよかったんですよ。福島のためにと思って行っていましたから。でも、鹿島の所長が安全大会のときに、「危険手当を1万円以下しかもらってない人は正直に手をあげてください」と言った。そのときは、正直に手をあげたら上の一次下請けの会社に迷惑がかかるんじゃないかと思って黙っていました。

ところが、連れていっていた下請けさんたちが、自分の会社がピンハネしているんじゃないかと疑い出した。これでは信頼関係が壊れるので、一次下請けの所長のところに直談判に行きました。「皆が不信感を持ってるんで、もっとちゃんとしてくれや」と言ったら、「自分らも赤字が続いているから、本工の人間には払うけど、下請けにまで払うのはきつい」みたいな言い方をされました。それで、自分の会社の社長に、「こんなんやけ、もうだめやろ。引き揚げる」という話をしました。鹿島の所長に呼ばれて「引き揚げないでくれ」と言われたけれど、けじめがつかないと思ったんで、作業もある程度区切りがついた２０１３年12月に、全員、引き揚げました。

## 白血病と診断されて

原発の仕事を辞めるときには、電離検診を受けないといけないんです。ところが、その検診が予約でいっぱいで受けられず、10日ぐらい待機してくれと言われました。それで、検診は地元で受けるので、もう帰ると言って北九州に帰りました。電離検診を受けるのは退職してから1カ月以内というのが決まっとるんで、１カ月経つ少し前に受けたら、体の中にがん細胞があるということで、北九州市立医療センターを紹介されました。

２０１４年1月14日、検査の結果、急性骨髄性白血病と診断されました。骨髄の中の8割弱ぐらいはがん細胞だと言われ、すぐ抗がん剤治療をせなヤバいということでした。医者が言うには、病院に行くのがあと2週間から20日遅かったらたぶんダメだったかもしれないと。

白血病と言われたときは、自分の人生は終わったなと思いました。そのまま入院して、明日から抗がん剤治療を始めましょうと言われたんです。自分としては、もう病院から家に帰ることはないなと思った。どうしても子どもに会いたかったので、「先生、1日だけ猶予ください」と言って、1日家に帰りました。

白血病と言われたときから、見える景色が変わった。すべてがよどんだ色になって。そのくらい変わりました。あと、家族のことが心配だったですね。子どもたちもまだ小さいのに、なんで自分が死ななきゃなんないんだと思うと、涙があふれました。

## つらい治療

白血病の治療は、とてもつらいものでした。抗がん剤治療で髪の毛、眉毛など、体中の毛がすべて抜け落ち、毎日大変な吐き気や高熱に悩まされる。血液検査のための骨髄穿刺《せんし》では、手回しのドリルで胸や腰の骨に穴をあけて骨髄を採取するんです。週に1、2回するのですが、これもつらかったです。さらに、24時間モルヒネを打たれている状態なので、船酔いしたような体の感覚がずっと続きました。子どもがお見舞いに来ても、隔離されているのでガラスの向こう側にいます。そういうのもきつかったですね。

なかでもつらかったのは、不眠です。死ぬかもしれないという恐怖や、妻と子どもたちを置いていくことになるのかという悔しさから、夜も眠れない日が続きました。最後には、もう生きていてもしようがないんじゃないかとまで思うようになりました。この時期に、うつ病との診断もされました。

それでも、妻と子どもたちのためと思い、つらい治療にもなんとか耐えて、２０１４年の８月には退院することができました。現在は、「寛解《かんかい》（治癒したわけではないが症状が軽減し落ち着いていること）」とされ、経過観察のため外来通院をしています。

## 労災申請

白血病と診断されたときは、これが福島原発の収束作業と関係があるとは思っていませんでした。それを教えてくれたのは、鹿島の監督です。北九州に帰ってしばらくして、監督から「どうしてるの？」と電話があり、「白血病で、死にかけとるんよ」と言ったら、「うそやろ。それ、福島での作業と関係あるんじゃない？」という言葉が返ってきました。それで、労災申請のことをいろいろ調べてくれた。その話を病院の先生にしたら、「それは、福島での収束作業が関係しているかもしれませんね」と。白血病の労災認定基準は年5ミリシーベルトです。自分が浴びた線量は19・78ミリシーベルトなので、その基準も満たしていることから、労災申請をすることにしました。

労災申請には鹿島が協力をしてくれて、ＦＡＸで必要な書類を送ってくれたり、道筋をつけてくれました。それまでは、医療費も高額療養費制度の手続きをして自分で払っていたんですけど、労災手続きをして医療費をとりあえず払わなくてもよくなったのは、助かりました。８カ月入院して、輸血も50～60回しているので、その間の医療費は、２３００万円にものぼっていました。

あらかぶさんは、２０１４年３月、富岡労働基準監督署に労災申請を行った。原発労働に起因する白血病労災の認定については、厚生労働省の「電離放射線障害の業務上外に関する検討会」での専門家の検討を経て判断を行うしくみになっている。２０１５年10月20日、検討委員会の判断を受けて、富岡労基署は労災認定決定を行った。また、うつ病についても、業務起因性があるとして、２０１６年５月に労災認定された。

## 労災申請、裁判を行う中で考えたこと

原発で働いていた人で労災を申請している人は、全国でも少ないでしょ。火のないところに煙は立たないというか、なにか原発労働との因果関係があると思うから申請するわけじゃないですか。だから、元請けも電力会社も国も、最初から門戸を閉ざさないで、きちんと労災申請した人の意見を聞いてあげるべきじゃないかなと思います。自分もそうですが、周りの人たちも、東日本大震災で犠牲になった人のことや福島のことを考えて、収束作業にあたってきました。そんな思いで働いてきた人を使い捨てにするのはおかしい。きちんと補償すべきです。自分は、福島に行ったことはぜんぜん後悔していません。自分は弱い人間ですけど、こうやっていろんな人に支えられて生きているので、今度は、今原発で働いている人のためにも力になっ

てあげたいという気持ちでいっぱいです。

それと、原発は危ないものだということを、世の中の人に知ってほしいと思うようになりました。まずは原発労働でどういうことが現実に起こっているかということを伝えたいし、原発自体のしくみにもさまざまな問題があります。自分も最初はよくわかっていなかったけれど、裁判を支援してくれる人たちの話を聞いたり、勉強するうちに、だんだん原発はいらんと思うようになってきました。福島の原発事故が起きたときから、ドイツも台湾も、原発廃止を決めたでしょ。それなのに、事故を起こした日本では再稼働している、それはおかしいですよね。

現在、原発で働いている人に対しては、もし体に異常があったら、すぐに病院に行くようにと、強く訴えたいです。自分も最初、２０１３年12月頃から熱が続き、咳が出るので風邪かなと思っていました。だから、原発労働を辞めたあとであっても、体に異常があったときは、原発で働いていたことを医師に話して相談し、検査を受けてほしいと思います。


【注】
＊１　仮名の「あらかぶ」とは魚の「かさご」のこと。家族や親戚への嫌がらせなどを避けるため、趣味の魚釣りにちなんでこの仮名を使っている。
＊２　現在、福島原発被ばく労災損害賠償裁判を支える会（通称：あらかぶさんを支える会）が立ち上がっていて、裁判への賛同・カンパを呼びかけている。

〈連絡先〉

◎あらかぶさんを支える会

東京都江東区亀戸7‐10‐1　Zビル5F　東京労働安全衛生センター気付

TEL：090‐6477‐9358（中村）　E-mail：info@hibakurodo.net

ホームページ：https://sites.google.com/site/arakabushien/

◎あらかぶさんを支える会・北九州

福岡県北九州市小倉北区真鶴1‐7‐7　井ビルⅡ1F　ユニオン北九州気付

TEL：093‐562‐5712　E-mail：union-k@joy.ocn.ne.jp

## 予定外作業も多かった玄海原発の定期検査
## 岩田守さん、あらかぶさん

岩田守さん（仮名、55歳）は、あらかぶさんと一緒に九州電力・玄海原発と東京電力・福島第一原発で働いていた。あらかぶさんが白血病に罹患した後も、再度福島第一原発で働いた。2012～13年当時の原発労働の実態を二人に聞いた。

### 原発労働に入る前

**岩田**　原発の仕事をする前は、建設業で、大工のような仕事をしていました。福島第一原発には、あらかぶさんと一緒に鍛冶工として入りました。ただ、自分は後方の〝テゴ〟なので、作業中に浴びた線量はあらかぶさんよりいくらか少ないんです。

**あらかぶ**　〝テゴ〟というのは手伝いの人のことです。たとえば自分が溶接の仕事をするとき、「溶接機を持ってきてくれ」などと、サポートを頼むのです。

**――福島第一原発で働こうと思ったきっかけは？**

**岩田**　同じ会社のあらかぶさんに「一緒に行こう」と誘われて。それに、福島の皆さんの力になれればと思いました。

――不安はなかったですか。

**岩田**　その前に、玄海原発での仕事の経験があったので、原発のことをぜんぜん知らないわけじゃないし、仕事の内容は変わっても、あらかぶさんや仲間と一緒なので、心配はしなかったです。

母から「大丈夫か？」と聞かれましたが、「大丈夫だ」と答えました。母が一人になるのでそれが心配やったけど、あらかぶさんのご家族とかがいるから、何かあったら電話してもらえるし、それも安心でした。そのとき福島へ一緒に行った人たちは、同じ気持ちやったと思います。

## 4号機の格納容器の蓋、3号機クレーンのアームを切断

――高線量の中での仕事とかもあったのではないですか。

**岩田**　4号機のヘッド＝黄色い蓋《ふた》が地面に下ろされていて、そのそばは高線量でした。黄色い蓋というのは、格納容器の蓋です。そのときは警報音がピーピー鳴りましたね。

**あらかぶ**　俺がそのヘッドを溶接のガスで切断したんです。これは、板厚がメチャクチャ厚いですからね。お寺の鐘ほどもあります。黄色だけでなく、緑のヘッドも切断しました。

3号機のすぐ横にある壊れたクレーンのアームも、俺たちが中心になって解体したんですよ。そのときも線量は半端なかった。ふつうは、こんなところでは切らせんでしょ。

**岩田**　動かせないからね。600トンクレーンだから。

**あらかぶ**　これはふつうの職人技じゃ切りきらんよね。高張力鋼といって普通の鉄とは材質が違うんですよ。切ったときにパーンって弾ける感じで力がかかるから、それを考えながら切るというのは、なかなかできるもんじゃないんですよ。

**——不安を感じたりしませんでしたか。**

**あらかぶ**　あの当時は、早く収束させなきゃいけんという思いが強かったせいか、不平不満も不安もなかったですね。「行くとこまで行け」というか、「戦時中の特攻隊になったつもりやないとやっとられん」みたいな気持ちでしたね。

**岩田**　自分一人じゃないというのもあったよね。自分一人のときに警報音がピーピー鳴ったら不安になると思うけど、仲間が一緒やから「皆でやれば恐くない」みたいな意識になりますよ。それに、働く時間が短いですから。

4号機のカバーリング工事。鉄骨を組んでいるところ。地面に鉄板を敷く作業はあらかぶさんたちが行った〔写真提供：あらかぶさん〕

## APDが正常に作動していないことも？

――地べたに座り込んで作業することもあったと聞きましたが。地面に近いほど線量が高いのでは？

**岩田**　地べたに座り込んでというのではなくて、地べたに寝転がらないとできないような作業もあったんです。本当だったら、養生したりとか掘削したりしないといけないのを、何もしないままで。40分ぐらいで引き揚げたときもありました。

今は、改善されていますけどね。高線量のところは、元請けが来てバリケードをつくって立入り禁止にしていますし、放管が線量を測って「ここは線量が○○です。1時間いたら○○ですよ」という指示がされます。でもあの頃は違っていたんですよ。「あそこには行かないで。あの道は通ったらAPDがピーピー鳴るよ」って言われたら、「ああ、あそこは線量が高いんやな」と思うしかない。

**あらかぶ**　一緒のところで作業していたのに、岩田さんのが0・2とか0・3ミリシーベルトになっていて、俺だけがゼロということがあったね。それってどういうことなん？って思うよね。

**岩田**　APDが正常に機能していなかったのでは？

**あらかぶ**　そんなことが何回かあったね。俺らが当時使っていたAPDは、柏崎刈羽原発から借りてきたものでした。福島の現場では当時、ＡＰＤが足りんかったからね。柏崎刈羽原発から借りてきたＡＰＤは、一日仕事してもゼロと表示されることもあったんです。それに、東電のＡＰＤと竹中のＡＰＤでは数値が違っていたね。

**岩田**　ああ、照らし合わせたら数値が違っていました。ピーピー鳴る音も違うし。

**あらかぶ**　竹中のＡＰＤのほうが数値が高かったね。東電のが０・１５ミリシーベルトなのに、竹中のほうは０・３とか０・４とかになっていた。

**岩田**　２倍ぐらい違うこともありましたね。

**あらかぶ**　低い数値のほうが放射能を浴びた量が少ないということやないですか。自分らが入ったときは、数値の低い東電のＡＰＤの数値が確定線量とされました。竹中は、何かあったときのために竹中のＡＰＤも一緒に持たせていたんです。それで、比べてみたらだいぶ数値が違っていました。ただ、自分らの受け取り方としては、線量が増えたら帰らないといけなくなるから、ほぼ全員が「線量が少なくてよかった」という感じでした。

## 鳥肌が立った３号機建屋の横での作業

――さっき「40分だけの作業もあった」と言われましたが、それはどういう作業だったのですか。

**あらかぶ**　線量が高いときの作業です。たとえばアンカー打ちとか。

**岩田**　3号機の建屋の外に、仮設のエレベーターを設置する作業です。

**あらかぶ**　壁にアンカーというボルトを打つんですよ。そこに鉄骨のレールをはめてボルトで止めたら、それに沿って仮設のエレベーターが上下できるようになるんです。

**岩田**　そのためには、多少無理な体勢も強いられて……。

**あらかぶ**　3号機自体が崩れてるわけやから、地べたに寝転がってやらんとできんところもあったよね。それに、そのとき、3号機の搬入口のシャッターが破れていたんだよね。

**岩田**　建屋の搬入口が開いていた。

**あらかぶ**　そこから薄暗い空洞の中が見えるんですよ。その真横で作業していたら、中から変な空気みたいなのが出ているんです。生温いものが……。岩田さんとも「ここは気色悪いのう」って話していましたね。鳥肌が立つ感じがしました。

## トイレ、休憩、食事

――トイレはどこにあったんですか。

**あらかぶ**　トイレは、免震重要棟、厚生棟、5号機・6号機にありました。5号機・6号機は崩れてないですから。そこを休憩所として使っていました。トイレも勝手にしたらダメだと言われちょったからね。中には、紙おむつをして仕事していた人もいましたよ。

**岩田**　漏らした人も結構いたと思いますよ。体調が悪いときもあるしね。

――食事のときはJヴィレッジまで戻るんですか。

**岩田**　いいえ、メシはJヴィレッジじゃなくて免震棟や厚生棟で。

**あらかぶ**　メシといってもパンやろう？

**岩田**　ああ、自分で買ってきたパンです。

**あらかぶ**　いや、俺らのときは食べ物の持ち込みはいけんかった。最初の2012年頃とかはね。だから竹中が用意した菓子パンとジュースみたいな、そんなやつだったですよ。ふつうの弁当とかはなかったと思います。

――休憩所で会う人の年代は、どれくらいの人が多かったですか。地元の人もいましたか。

**あらかぶ**　18歳の人もいれば、60歳以上の人もおるし。幅がありましたね。地元の人もいましたよ。でも、半分以上が県外から来ていた人やないですかね。

## 玄海原発での仕事

――玄海原発の仕事は、定期検査ですよね。玄海原発に入った経緯を話していただけますか。

**あらかぶ**　あの頃は、震災直後で仕事が一気になくなったとですよ。そのときちょうど、九州電力の川内《せんだい》原発3号機の新設計画が出ていたので、社長から、「玄海原発に入ってくれたら、川内原発の3号機の新設が始まったときに儲けさせてやるけん」と言われました。会社は以前、関西電力・大飯原発なんかの仕事をしていましたが、震災で原発はみな止まっているから、社長は今後不景気になると考えて、いろんなところにツバつけておこうとしていたんじゃないか。だから玄海原発の仕事を取ったと思うんです。

**――玄海原発に入ったのは、2012年1月から3月までですね。仕事の内容はどのようなものでしたか。**

**あらかぶ**　放射線管理区域内での配管取り換え作業に従事していました。「グリーンハウス」（汚染拡大防止のためのテントのような設備のこと）の組み立て・解体や、配管などの運搬を主にやっていました。

**岩田**　三菱重工の社員が「カットランド」という呼ばれる工具で配管を切断して取り替えますが、配管は汚染されているので、切断するところのまわりに「グリーンハウス」をつくってその中で作業するんです。その作業をする人は全面マスクを付けます。そして、汚染された廃材は黄色の袋に、カットランドはサンダーで解体して青色の袋に入れ、持ち出すときは、さらにもう一袋重ねる。それらの作業はグリーンハウスの中でしかしてはいけないんです、カットランドを切断・解体するのも。本来、外でカットランドを解体するというのはあり得ないんです。ところが、実際にはグリーンハウスの外でカットランドを切って、運ぶこともありました。

## グリーンハウスの解体後、放置されていたカットランドを解体

**あらかぶ**　配管取り換えの作業後、そこから出た廃材とカットランドは線量を測って、ひどく汚染している場合は、グリーンハウスの中で三菱重工の社員が自分で切断して黄色の汚染袋の中に入れて片づけます。でも、汚染の度合いが少ないものは、そのまま置いていってる。グリーンハウスを解体するために俺たちが入ってみると、汚染袋に入ったものもあれば、そのまま置かれているものもありました。

**――グリーンハウスを解体したあとで、残っていたカットランドの解体をしたということですか。**

**あらかぶ**　そうです。使用済みのカットランドが30個あったとしたら、たぶん20個ぐらいは三菱重工の社員が解体しているんです。でも10個ぐらいは線量がそこまでないということだと思うのですが、そのまま置いていっている。あとは俺たちに片づけてくれ、みたいな感じで。そのときの俺たちの装備は、全面マスクではなく、半面マスクでした。

**――三菱重工の人は、それを知っているんですか。**

**あらかぶ**　知っていますよ。知っとるけど知らん振りしとるだけ。たぶん、三菱重工の社員が全部自分たちでやったように報告しとるんだろう。

**岩田**　汚染度が低ければ、たぶん、これくらいはいいやろうみたいな感じですね。

――そのときは、何か説明はされなかったんですか。あるいは誰かが「これっていいの？」みたいな話にはならなかったんですか。

**あらかぶ**　この仕事の経験を積んでいる人なら、「本当ならこんなところで切っちゃいけんのになあ」ってなるはずですが。俺たちも、そのときは放射能についての危険性もあんまりわかってなかったから。

## 作業日報には書かれない予定外の仕事

――そこの現場では、ミーティングやＫＹ活動（危険予知について話し合うこと）はちゃんと行われていたのですか。

**あらかぶ**　ＫＹ活動の中では、決められた作業以外はしてはいけないと言われます。でも実際には、原発内では、予定外作業をしても何も言われんよね。

――それはどこの原発でもそうですか。

**あらかぶ**　そうですよ。福島でも玄海でも。だから、カットランドを解体したことは、作業日報には書いていない。カットランドの搬出というのは書いているけど。

**岩田**　ついでの仕事って感じですよね。そんなことは今でもありますよ。

――そういう現実は、九電は知らないのでしょうか。

**あらかぶ**　知らんでしょうね。知っとったら大騒ぎになるんやないですか。九電は、そんなことは全部、三菱重工の社員にさせているると思っとるやろうから。「俺らの仕事、終わったねえ」と言ったら、「それやったら、次はこれをしてください」と言われて、「ああ、いいよ」って感じでやっていました。

**岩田**　「次はあそこをして」とか「ここをして」と言われて、ずっとそんなことやっていたね。床を拭いたこともありますよ。きれいに片づけたあとにね。要は、工具を置いてあったところが汚染されているかもわからんからということで。

## A教育・B教育

――現場に入る前の放射線防護についての教育は、福島第一原発、第二原発、玄海原発のそれぞれでやるんですか。

**あらかぶ**　そうです。A教育（放射性物質や原発に関する基礎知識についての講義）とB教育（防護服や全面マスクの着用方法や汚染エリアの区分など原発内で作業するための講義や装着方法の練習など）ですね。

――その内容は、どこでもほぼ同じものですか。

**あらかぶ**　いや、電力会社によって違いますね。自分たちが行ったときの第一原発の教育は、震災前の古いテキストを使っていましたよ。今は知らんですけど。

**岩田**　自分が二度目に第一原発に入ったときは、多少変わっていました。より詳しくなった。

――現場で働くのに必要な知識は含まれていましたか。

**岩田**　放射線管理員についての話とか、「体調が悪くなったらすぐ言ってください」とかね。以前は「熱中症に気をつけてください」とだけ言っていたものが、今は「家に帰ってからも危ないから、体調管理をしっかりしてください」と言うようになりました。朝、仕事をする前に各エリアの中で、〝血圧や体温を測る〟とか〝声かけをする〟とか〝相手を目視する〟とか体調チェックをしなければいけなくなりました。それに、今はアルコールについても測っています。前の日に飲みすぎてアルコールが抜け切っていない人は、現場に出てはいけないとなります。事故になったら困るからです。

――たとえば「放射線を浴びると白血病やがんを発症することがあります」というのは？

**岩田**　それは言っていました。

――労災の申請をするにはこうしたらいいという話は？

**岩田**　それはないですね。

## ERに行ったらクビになる？

――Jヴィレッジの壁に〝労災の申請ができます〟というポスターが貼ってありましたけど。

**岩田**　ありますね。でも、あんなのは紙切れでしょ。実際、申し出たところで労災申請してくれるかといえば、労災逃れのために、自分がクビになるのがおちじゃないですか。

たとえば体調不良でＥＲ（緊急救命室）に行ったとしても、診察を受けてなんらかの診断をされたら、クビになることもあると言われていますよ。ちょっと腹が痛いとかでＥＲに行ったら、厄介者扱いされるところもあるんです。教育では「体調が悪くなったら言ってください」と言うけれど、実際には、監督から「またお前か。もう来なくていいよ」と冗談にでも言われると、その人はもうＥＲには行かなくなるわけです。ともかく、上には逆らえない雰囲気ですよ。逆らったら「もういいよ」って言われるから。

## 労災認定のハードルを下げてほしい

――これからもたくさんの人が原発で働くと思いますが、国や電力会社、元請けなどに改善してほしいことはありますか。

**あらかぶ**　何度も話していますが、労災認定のハードルを低くしてほしいということですね。そうしないと、この先、原発で働く人がおらんようになると思いますし。

自分らが原発に行くとなったときに、会社は民間の事業主保険（生命保険）に入ったんです。掛け金が高くなるけれども、従業員も24時間補償する保険を掛けてくれた。ところが、いざ自分がこういうふうになってみたら、保険金は下りないと言われました。戦争とか動乱とか火山の噴火などと並んで、原子力施設で働く人が被災した場合には保険金は出ませんと約款に小さな字で書いてある。どの保険会社の保険もそうなっているらしいです。そんなこと知っている人ほとんどおらんでしょ。うちの社長もそんなことぜんぜん知らんかったとです。原発は、それだけリスクのある特殊な現場なんだなと、後々思ったんですけど。もし、生命保険も下りない、労災認定もされないということになったら、原発で働く人がけがや病気をしたら、誰が面倒みてくれるのか。きちんと補償されるような制度をつくってほしいですね。

**岩田**　早く良い判決が出て決着つけてほしい。そして、早く治ってもらいたいですね。

**あらかぶ**　俺のこと？　俺のことはいいっちゃ。

**岩田**　いやいや、次は自分かもわからんやないですか。

## 同じ会社の人が労災死亡事故に。ベテランの人がなぜ？

### 池田実さん

２０１３年３月、郵便局を定年退職した池田実さん（65歳）は、福島第一原発で働くためにハローワーク通いを始める。２０１１年３・11以降、東京での脱原発集会に参加していたが、今後、40年、50年と続くであろう収束作業を、実際に働いて自分の目で確かめたいと思うようになったという。

池田さんは、２０１４年２月から５月まで浪江町の除染の仕事に就いた。その後、念願の第一原発での仕事が見つかる。元請けは、東電の子会社・東京パワーテクノロジー（ＴＰＴ）で、直接の雇用主は三次下請けの会社である。２０１４年８月から第一原発で働き始めた。

### 仕事の内容

最初の仕事は、免震棟の隣にある事務本館棟のゴミの分別・回収作業でした。事務本館棟は、震災前は第一原発（以下、1F）、第二原発（以下、2F）の事務処理を統括していた大きな事務所でした。震災から3年経って、外のがれきはほとんど片づいていたのですが、事務所内のごみは散乱したまま。放置されていた書類とかヘルメットなどの装備品、衣類などさまざまなものを片づける仕事です。可燃物、不燃物、危険物と分別して袋に入れます。回収したごみの中には、2011年3月11日付の朝日新聞の朝刊があったりして、新聞を見る間もなく逃げたんだなと思いました。東電社員の給与明細票もありましたよ。それは前年末のボーナスの明細票で、ずいぶんもらっていたんだなあと。電力総連が支援する地元の議員や県会議員の選挙ポスターや後援会ニュースもありました。単調な仕事でしたが、事故前に働いていた人たちの様子を想像しながら、それなりに面白くやっていました。

10月になり、突然、「明日からは、1・2号機のサービス建屋に行ってもらう」と言われました。サービス建屋というのは、原子炉建屋の東側（海側）にある建物で、発電の運転・管理を24時間体制でやっていたところです。よくテレビや写真で見る原子炉建屋は1号機、2号機、3号機、4号機がそれぞれ独立しているように見えますが、東側から見ると、1号機と2号機、3号機と4号機はつながっていて、それぞれに（つまり2カ所に）サービス建屋があります。その建物の中も手つかずの状態で、ごみが散乱していました。作業自体は同じなのですが、今度の現場は暗い場所が多いので、ヘルメットにヘッドライトを装着して入りました。

11月下旬からは、1・2号機の「ホットラボ」での作業でした。ホットラボというのは、「強力な放射線を安全に扱える実験室」とのこと。最初の日の朝のミーティングでは、「硫酸」「塩酸」など劇薬の名が出て、責任者から取り扱いに注意するようにと念を押されました。ここでは、薬品が飛び散っても大丈夫なように、防護服の上に、防護エプロンと特殊手袋をつけて作業をしました。このあと、3・4号機のホットラボでも作業をしましたが、ここの入り口近くに、「立ち入り禁止」と書かれ黄色いロープで囲われた階段がありました。その下には高濃度の汚染水が溜まっているトレンチが広がっているとのこと。ロープの上からGM管（ガイガーカウンター）で測ったところ、8ミリシーベルトもあり、びっくりしました。

3・4号機のホットラボの片づけがほぼ終わった頃、また「明日から集中ラドに行ってもらう」との指示。集中ラドとは正式名称を「集中廃棄物処理建屋」といい、原子炉から出る廃液や廃棄物を処理する施設です。ここは、それまでに入った現場の中で、一番の高線量でした。

## 放射線量

放射線量は、事務本館棟では1日平均0・02〜0・03ミリシーベルトでしたが、1・2号機のサービス建屋、ホットラボでは0・04〜0・05に、3・4号機のホットラボでは0・07〜0・08ミリシーベルトに上がりました。APDの警報音が何度か鳴ったのは、3・4号機での作業のときです。集中ラドでは、軽く0・1ミリシーベルトを超えました。作業を始めて30分くらいでAPDの警報音が鳴ったのも、集中ラドです。線量は、場所によってもだいぶ異なります。同じ部屋の中でも上記のように8ミリシーベルトもあるところもありますし、一般に部屋の中よりも外気が入る入り口に近いところは線量が高くなります。

本当なら事前に放管が線量を測って、ここは線量が高いとか、ここは危ないと言わないといけないんですけど、放管は付いていませんでした。元請けのＴＰＴの人はミーティングで作業指示をして、線量についても「ここは、ちょっと線量が高いと思いますが」と言う程度。現場には入りません。私の会社のチーフにＧＭ管を持たせて現場に入っていました。放射線管理を作業員任せにするというのは問題だと思いました。そもそも、明日からサービス建屋へ行ってくれ、今度は集中ラドへ行ってくれという感じで、説明もされずに行かされる。行ってみて初めて線量の高いところだったとわかるという状況で、とても不安を感じました。

原発に入るときは、ＡＰＤを身につけます。ＡＰＤの設定には０・８、０・３、０・１シーベルトの３段階があり、私たちは一番高い０・８に設定した線量計を持って入っていました。ＡＰＤは､設定した線量の５分の１に達したら警報音が鳴るしくみになっています。ですから、私たちの場合は、０・１６ミリシーベルトになると、１回目の警報音がピーッと鳴るんです。同じ現場に複数人が入っているので、自分のＡＰＤが鳴ったり隣の人のが鳴ったりと、何度も鳴るので最初はびっくりするのですが、だんだん慣れてきて、あまり驚かなくなってきます。２回目は０・３２ミリシーベルトで鳴り、３回目は０・４８ミリシーベルト。３回目が鳴ると、全員その場から退避しないといけないという決まりになっています。私の仕事中には３回目が鳴ることはなかったのですが、２回目の警報音は何度か経験しました。

## 熱中症対策

労働時間は、実働2時間くらいですが、夏から秋にかけては、熱中症対策ということで作業時間を1時間に制限する「サマータイム」がありました。全面マスクとタイベックスで仕事をするのは苦しいもので、水も飲めません。毎年、何人も熱中症で倒れるので、２０１３年か14年頃からはかなり厳しく管理するようになりました。暑さ指数（ＷＢＧＴ）というのがあって、職長は毎日始業前に現場でこれをチェックします。暑さ指数は、気温、湿度、輻射熱を取り入れた指標ですが、これが一定の数値を超えたら、１時間で現場作業をストップさせなければなりません。炎天下での作業は、最初は息苦しかったのですが、そのうち慣れてきて、１時間で終わると割り切るようになると、あまり苦にならなくなってきました。一緒に働いていた人で熱中症になった人はいませんでした。

## 労災事故

２０１５年１月19日と20日に、労災・死亡事故が起きました。19日は１Ｆで、20日は２Ｆで起きたのですが、２Ｆで亡くなった方は私と同じ会社の人でした。20日に亡くなった方は、20年くらい勤めたベテランです。東電の発表によると、２Ｆの１・２号機廃棄物処理建屋５階で濃縮器（放射性廃棄物を濃縮処理する機械）の点検作業をしていて、点検台に固定してある器具のボルトを緩めたところ、この機具が回転し、頭部を挟まれたとのこと。本来は最低でも3人がかりで行わなければならない作業を、その人は1人で行っていました。ミーティングの最中に、みんなの手順をよくしようということで、1人で機械のところに行ったそうです。1Fで起きた19日の事故も、ベテランの人でした。安全責任者だったようです。汚水タンクの点検の際、タンク内が真っ暗だったため、そのベテランの人がタンクの天板に上って蓋を開け、日の光を入れようとしたらしい。ところが誤ってタンク内に転落してしまったのです。安全帯は装着していたものの、命綱を固定していなかったと伝えられました。また、1月19日には、東電・柏崎刈羽原発でも、作業員が重傷を負う事故が起きています。

私たちは、毎日、一人作業をしない、予定外作業をしないということを、口を酸っぱくして言われています。それなのに、ベテランの人がなぜそんなことをしてしまったのだろうか。仲間の死を前にして、悲しみとともに言いようのない不安が広がりました。2人とも責任感のある人だったそうです。私は、これは個人のミスではなくて、構造上の問題、組織的な問題といえるのではないかと思いました。

たとえば2Fの事故の場合、点検作業を行っていたのは、2つの会社の混成チームでした。1週間前に顔を合わせた5、6人のチームです。そのチームの若い作業員は、事故後、「被災者が1人で点検台に行こうとしたのを、なぜ止めなかったのか」と詰問されたのに対して、「先輩に対して、そんなこと言えるわけないでしょ」と答えたそうです。責任体制が不明確だったようえに、違う会社で年上の被災者に対してものを言える雰囲気ではなかったのでしょう。

原発労働の現場は、多重下請けのピラミッド構造。問題があっても指摘できない上下関係があります。問題の指摘どころか、質問さえしづらい状況があります。しかも、ゼネコン、原子力企業、プラントメーカー、保守検査会社等の業種別の縄張り意識も存在します。上にも横にもものが言えない閉塞した状況が事故の背景にあるのではないかと私は思っています。

自分自身の体験を振り返ってみても、集中ラドで働くよう言われたときも、「ちょっと線量が高いですけど行ってください」という感じで、質問できるような雰囲気はなかったですね。また、私たちも当初は混成チームで働いていましたが、これは事故後、「建設業法に違反するので禁止」ということで、混成チームをつくらないよう指示が出されました。もう一つは、予定外作業です。作業手順の説明はあるけれど、実際は、やってみないとわからない、不測の事態があるのも事実です。たとえば回収しなければならない物が、物陰に隠れていてあとで気づいて、「○○さん、ちょっと行ってくれ」と言われて、本来は2人でやらないといけない仕事を1人でやったりとか。そういう予定外作業はしばしばありました。

事故後、始業時だけでなく、作業終業後にも振り返りKYというミーティングを毎日行うことになりました。その日の作業の問題点、危険がなかったかどうかを各人から出させて対策をまとめて書いていましたが、やがて、形式的なものになり、担当者が一人でまとめて記入するようになりました。いろいろと改善された部分はありますが、労災事故は減っていません。やはり、根本的に組織体制を見直して、風通しのよい職場にしないと事故は減らないのではないかと感じています。

## 緊急医療体制について

ＥＲは、当時は、入退域所の隣にありました。２０１７年10月26日に、１Ｆで働いていた作業員が、休憩後作業に向かう途中、倒れてＥＲに運ばれ、救急車で広野町に搬送されましたが、14時36分頃死亡が確認されたという報道がありました。東電は、「死亡原因は個人の疾病であって、作業との因果関係はない」と説明しているのですが、ほんとにそうなのだろうか、疑問を持っています。ただ、原因はともかく、ここでは７０００人もの人が働いているのだから、広い構内のどこで事故や病気やけがで倒れるかわかりません。だから、少なくとも、休憩室などにＡＥＤ（自動体外式除細動器。心停止を起こした人の心臓に電気ショックを与え、正常なリズムに戻すための医療機器）を置くべきだと思います。今は、駅やデパート、公共施設など人がたくさん集まるところには置いてあります。もし、休憩室で人が倒れたら、作業員は携帯を持たせてもらえないから、歩いてＥＲまで連絡をしに行かないといけないんです。１キロ以上ありますからね。その間に、ＡＥＤが設置されていれば、救える命もあるのではないでしょうか。

そういえば、避難訓練も一度もやらなかったですね。地震や火事、津波がまた来たときはどうするのか。そういう緊急時のことをまったく考えていない。人のいのちが大切にされていないと感じます。

## 退職時と退職後

持病の腰痛が悪化したこともあり、２０１５年４月いっぱいで１Ｆの仕事を辞めることにしました。１Ｆでは、入退所時と３カ月に一度は内部被ばくを調べるＷＢＣ（ホールボディカウンター）を受ける決まりになっています。これは、法律で定められています。私は４月末にＪヴィレッジにあるＷＢＣで検査を受けましたが、椅子に座る扉なしの簡易型の機械で、計測時間はたった1分。除染の仕事のときにもＷＢＣで検査を受けましたが、そのときは立って扉を閉めて調べる機械で、計測時間ももう少し長かったような記憶があります。Ｊヴィレッジでは、流れ作業で一日に何百人もの作業員のＷＢＣ検査をこなしていますが、これでほんとにきちんとした結果が出るのかなと疑問を感じました。ともあれ、「異常ありませんでした」という表示が画面に出て、検査は終了。「作業者証」を返却し、すべての退所手続きが完了しました。

退職後、放射線管理手帳（略称：放管手帳）が自宅に郵送されます。個人の被ばく線量が記載されているこの手帳は、就労中は勤務先の会社で保管し、退職時に本人に返すことになっています。私の外部被ばく線量は、２０１４年の４月から２０１５年の３月までが６・１３ミリシーベルト。前年度になる2月と3月の除染作業での０・６２ミリシーベルトと後日会社から郵送されてきた２０１５年４月分の０・５ミリシーベルトを合わせると、最終的に累積線量は７・

２５ミリシーベルトでした。東電が上限としている年間20ミリシーベルトから見ればはるかに低い数値ですが、これが、５年後、10年後に私の体にどういう影響をもたらすかは誰にもわかりません。

厚生労働省は、事故発生から２０１１年12月15日までに１Ｆで働いていた緊急作業従事者には、生涯にわたる放射線被ばくによる長期的な健康管理制度をつくっています。事業者は緊急作業従事者の被ばく線量や健康診断の記録を国に報告し、それを国が設置するデータベースで管理します。緊急作業従事者は、国が設置した支援窓口で健康相談が受けられることになっています。また、被ばく線量が50ミリシーベルトを超える人には「特定緊急作業従事者等被ばく線量等記録手帳」が交付され、1年に1回白内障検査が受けられます。

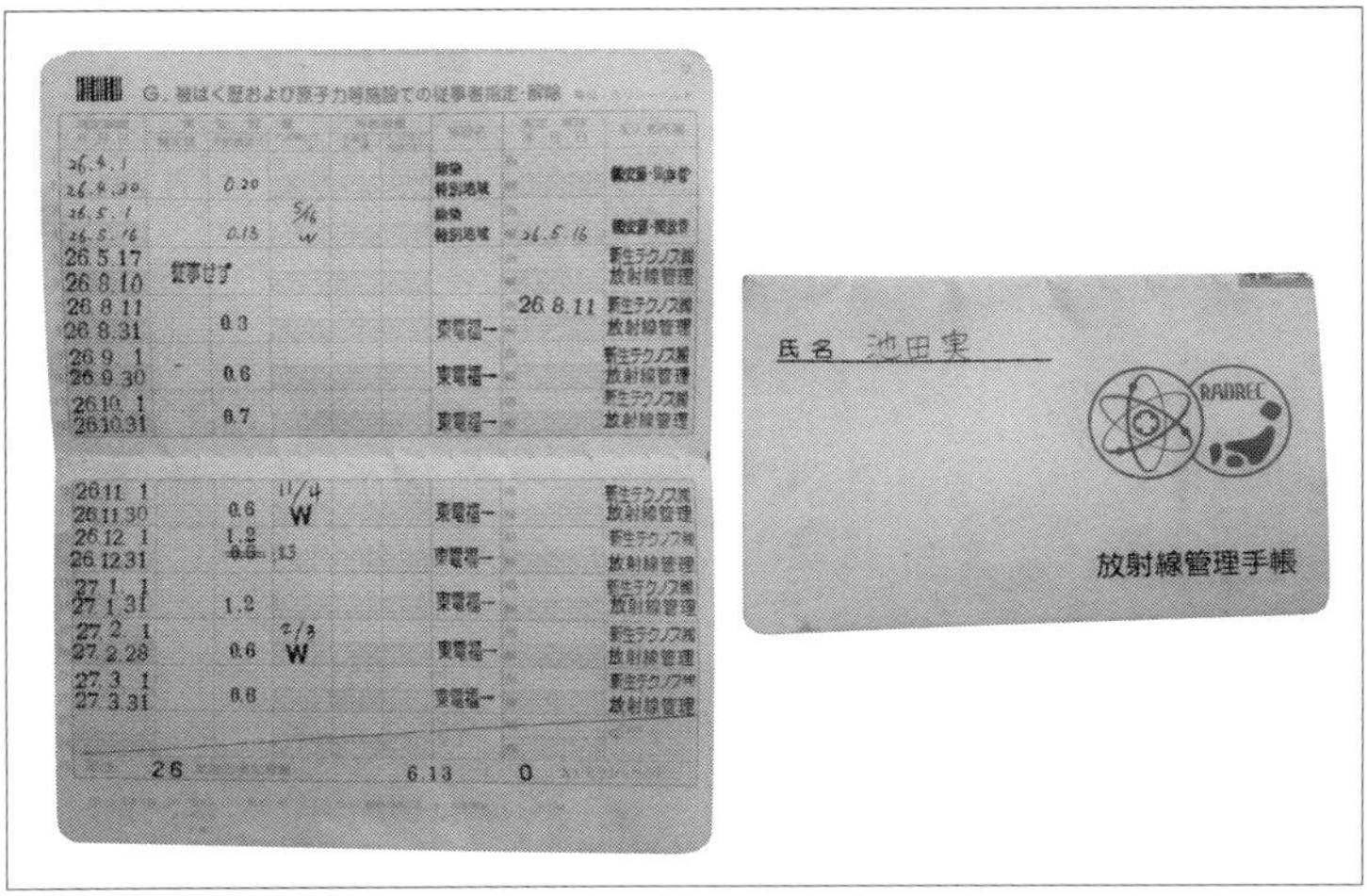


放射線管理手帳。池田さんの2014（平成26）年度の被ばく線量が記録されている
〔写真提供：池田実さん〕

さらに100ミリシーベルトを超える人はがん検診も受けられます。

2011年12月16日の「事故終息宣言」で緊急作業は終了したものとされ、それ以降に1Fに入所した人は対象になりません。2014年に入所した私には、当然ながらこの手帳は発行されません。いったん離職したら、把握さえされないのです。放管手帳に記載された線量が50ミリシーベルト以下であっても、あらかぶさんみたいに、白血病や一般のがんを発症した人がいるのではないでしょうか。白血病以外のがんにかかった人は、1Fでの被ばく線量との関係を疑わない人も多いでしょう。田舎に帰って、1Fで働いていたというのを言いづらい人もいるんじゃないかと思います。白内障に至っては、60歳くらいになったら「加齢のせいかな」と思ってしまう人もいるかもしれません。

離職したあとは何の健康面でのフォローもないというのは、無責任だと思います。まるで使い捨てのコマの扱いです。収束作業に従事したすべての労働者が対象となる健康管理が保障される法律があれば、もっと安心して働けるのではないでしょうか。


〈参考図書〉
・池田実『福島原発作業員の記』(八月書館、2016年)

# 第2章　労災補償、原子力損害賠償とは

# 1　労災補償のしくみと放射線障害

## 労災保険制度のしくみ

使用者の指揮命令により働き、賃金を受け取る労働者が、仕事を原因としてケガや病気になったり、死亡した場合には、その使用者が補償をしなければならない。これは労働基準法で定められた最低限の労働条件の一つである。

この補償を確実なものにするために、労働者災害補償保険（労災保険）という保険制度が、国によって運営されている。ある日誰かが人（労働者）を雇用して事業を始めたら、そのときから保険関係が自動的に成立したとみなされる。雇用したその事業主が、労災保険のことなど何も知らなくても、労災保険は強制的に適用されている。そして保険料は、事業主が全部を負担する。

仕事が原因のケガや病気であれば、医療機関への受診と必要な治療は療養補償として給付され、療養のため休業して賃金が受けられなければ休業補償が支払われる。療養が終わって後遺障害が残れば、その程度に応じて、年金もしくは一時金の障害補償も支払われる（図1）。健康保険でも同じような給付があるが、労災保険のほうが相当充実した補償内容となっている。

**図1　労災保険給付の概要**

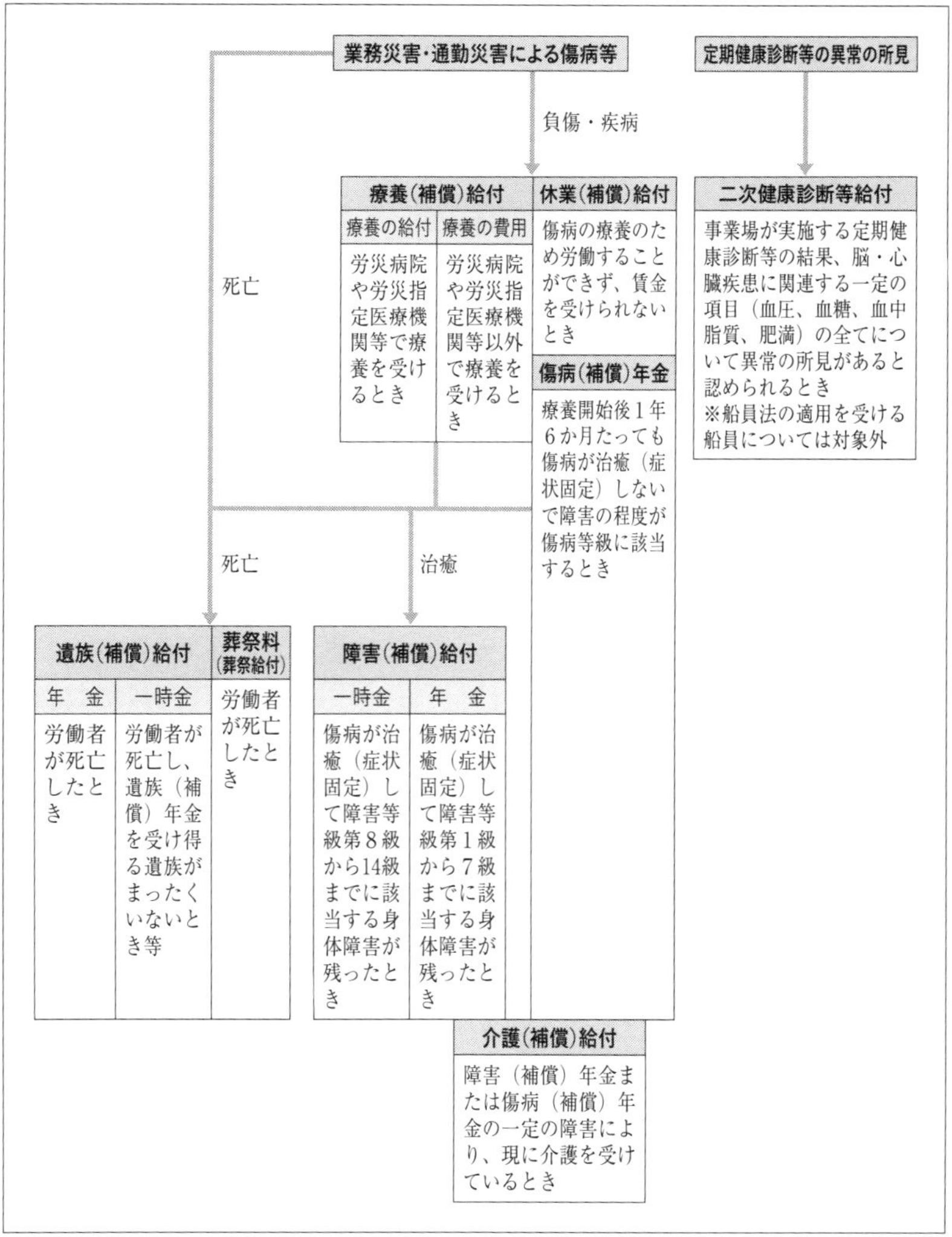


（厚生労働省ホームページより）

だから日本の労働者は、労働者でありさえすれば、確実に労災補償を受けることができ、安心して働けるということになる。

しかしこの労災保険制度、何も問題なく運用されているわけではない。

たとえば、療養補償の給付はどこまでするのか、後遺障害の程度を決める障害等級と補償額をどうするかなど、問題となることはたくさんある。いちばん問題になるのは、どこまでを仕事が原因と認めて補償するかということだ。

過重労働によって脳内出血等を発症した事例であれば、どの程度の過重性があれば業務上と認めるかというのは、裁判等でたくさんの争いがあり、今では労災と認める範囲がずいぶんと広がった。かつては認められることがほとんどなかった、ひたすら長い時間働くという過重性は、今では、月に時間外労働100時間超で原則労災と認めるなどという、通称「過労死ライン」というものさえある。

同じように有害な作業環境で仕事をして、健康が損なわれたというとき、どのぐらいの有害さでどんな病気を認めるのかという問題がある。たとえば放射線という目に見えず、五感で感じることができない有害環境と健康障害をどう考えるかという問題だ。

## 放射線被ばくによる病気の種類

放射線被ばくによる身体影響は、確定的影響と確率的影響に分けることができる（表1）。

**表1　放射線障害の分類**

<table>
<tr><td rowspan="3">身体的影響</td><td>急性障害</td><td>急性放射線症、不妊</td><td rowspan="2">確定的影響</td></tr>
<tr><td rowspan="2">晩発性障害</td><td>白内障、胎児への影響、老化現象</td></tr>
<tr><td>悪性腫瘍（がん、白血病、悪性リンパ腫）</td><td rowspan="2">確率的影響</td></tr>
<tr><td colspan="2">遺伝的影響</td><td>染色体異常</td></tr>
</table>

**図2　確率的影響と確定的影響**

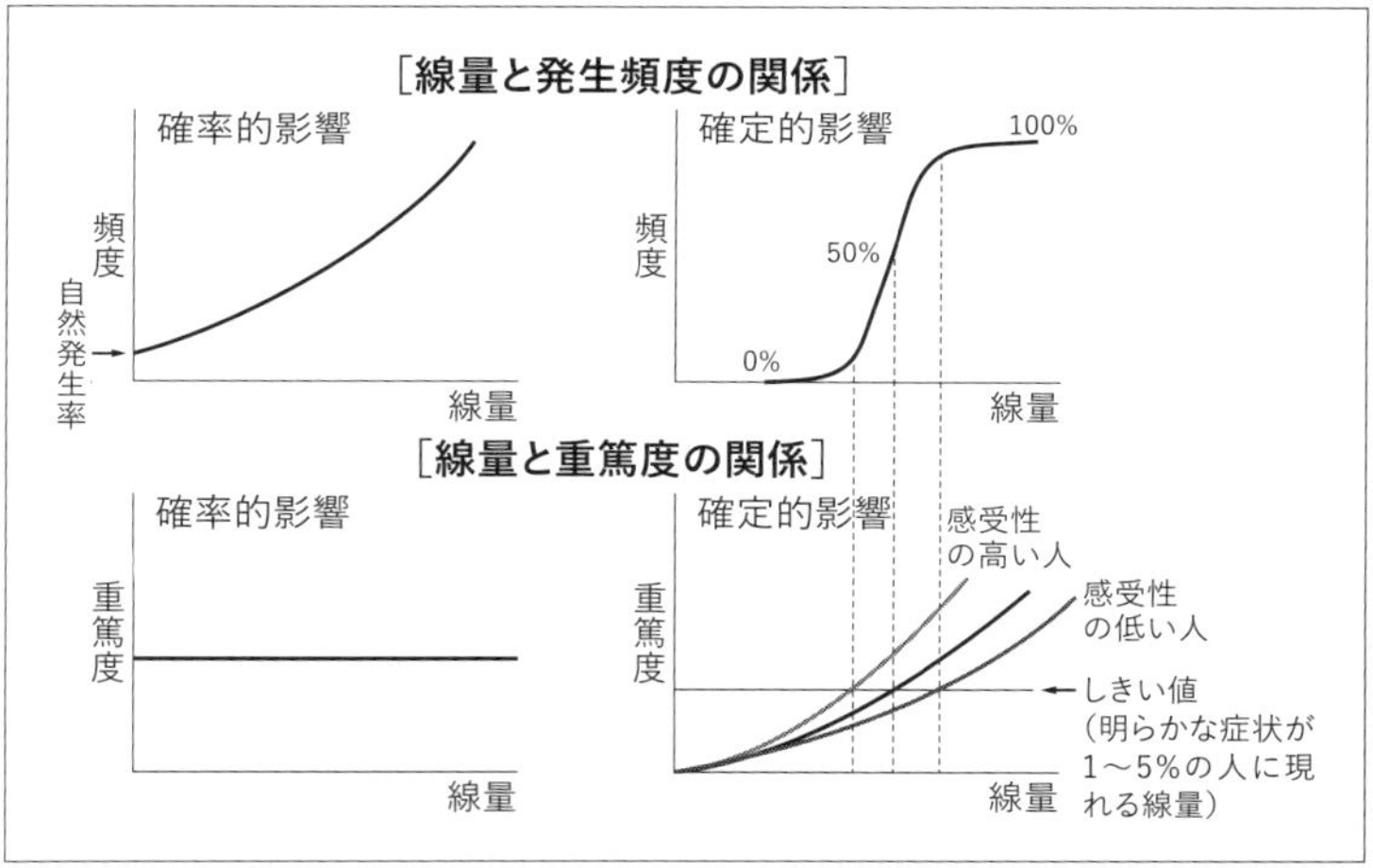


（ICRP Publ.41,(1984)より作図）

確定的影響とは、被ばく線量があるしきい値を超えた場合に発生する影響をいう。しきい値より小さい被ばくでは影響は現れず、超えると急速に現れる確率が増大し、ある線量に達するとすべての人に影響が現れる。また、被ばく線量が多いほど症状の重篤《じゅうとく》度も大きくなる。たとえば皮膚障害、白内障、組織障害、個体死等がある。

確率的影響とは、しきい値が存在せず、被ばく線量の大きさに応じて影響の起こる確率が増える影響をいう。確率的影響として問題になるのは発がん（固形がんと白血病）だ。確率的影響は、これ以下なら起こらないという境目がなく、いくら被ばく線量が少なくても影響が現れ得るということになるので、その影響を防ぐためには、できる限り被ばく線量を少なくするという対策が必要ということになる（図2）。

確定的影響の場合には、これ以上の被ばく線量で症状が出るしきい値がわかっているので、被ばくと発症の因果関係は、たいていの場合特定できることになる。つまりあの被ばくがあったからこの症状が出たということができる。

ところが確率的影響はそうはいかない。わかっているのは、これまでの被ばく事例の調査から、ある条件の人がある量の被ばくをすれば、その病気になる確率が○％増えるということだ。法律の労災補償制度は、業務が原因であればすべての労災保険給付を行うことになり、原因でなければまったく給付はされない。百かゼロであって、半分ぐらい関係があるから給付も半分とはならない。

## 業務起因性の考え方

現在の法律で放射線被ばくを原因とした病気について、どのように判断をしているかをみてみよう。

仕事が原因となってかかった病気が、労災保険給付の対象となることは前に述べた。法律の運用上、こういう病気のことを業務上疾病といい、正確に表現すると、労働者が事業主の支配下にある状態において有害因子にさらされたことによって発症した疾病ということになる。だから一般的には、労働の場に有害因子が存在し、それが健康障害を起こすに足るほどの量や期間にさらされ、発症までの期間や病態が妥当であるということが要件となる。

業務上疾病の範囲については、労働基準法施行規則第35条により、別表第1の2に定めるとされていて、ずらりと病名が例示列挙されている。この中の放射線被ばくによる疾病にかかる部分は次のようなものだ。

> 二　物理的因子による次に掲げる疾病
> 5　電離放射線にさらされる業務による急性放射線症、皮膚潰瘍《かいよう》等の放射線皮膚障害、白内障等の放射線眼疾患、放射線肺炎、再生不良性貧血等の造血器障害、骨壊死《えし》その他の放射線障害
> 七　がん原性物質若しくはがん原性因子又はがん原性工程における業務による次に掲げる疾病
> 13　電離放射線にさらされる業務による白血病、肺がん、皮膚がん、骨肉腫、甲状腺がん、多発性骨髄腫又は非ホジキンリンパ腫
> 十一　その他業務に起因することの明らかな疾病

二の5は確定的影響、七の13は確率的影響、以上の2つに含まれないもので起因性が明らかなものがあれば十一ということになる。ただ、これは「電離放射線にさらされる」という大雑把な環境と病名が指定されて、その他も「……明らかな疾病」となっているだけで、何を認めるのかよくわからない。

具体的にどういう場合に業務に起因すると認め、労災保険の給付を行うのか、つまり今述べた業務上疾病と認めるかどうかの基準は、行政解釈通達として示されている。それが「電離放射線に係る疾病の業務上外の認定基準について」(昭和51・11・8基発第810号)だ。1976(昭和51)年とずいぶん古いものだが、基本的に現在もこの通達で示された基準に基づいて業務上と認めるかどうかを判断することとされている。

内容は、「第1　電離放射線障害の類型について」「第2　電離放射線に係る疾病の認定について」「第3　被ばく線量の評価についての3項目」からなっている。まず第1では、電離放射線に被ばくする業務に従事し、または従事していた労働者に電離放射線に起因して発生すると考えられる病気を示している(巻末資料2)。ここでの分類は、業務起因性判断の便宜を考慮して、急性放射線障害、慢性的被ばくによる障害、がんや白血病などの悪性新生物、そして白内障や骨粗しょう症などの退行性疾患等に分類している。

そして第2の認定については、被ばくした事実、期間や症状などについて述べ、具体的な認定の目安を示している(巻末資料3)。また、「電離放射線障害は、その現われる症状や性質は極めて複雑多岐であり、かつ、特異性がなく、個々の例においては他の原因により生ずる疾病との識別が困難なものが多い」と解説し、「電離放射線障害に関する業務起因性の判断に当たっては、その医学的診断、症状のみならず、被災労働者の職歴（特に業務の種類、内容及び期間）、疾病の発生原因となるべき身体への電離放射線被ばくの有無及びその量等について別添『電離放射線障害に係る疾病の業務起因性判断のための調査実施要領』により調査し、検討する必要がある」としている。労災保険の請求を受けた労働基準監督署の担当者は、詳細な情報を記述する欄のある「調査実施要領」添付の調査表に基づいて、情報の収集をしなければならないことになる。

そしてさらに、「認定基準を定めていない電離放射線障害、認定基準を定めている疾病のうち白血病及び認定基準により判断し難い電離放射線障害に係る事案の業務上外の認定」については、調査して得た関係資料を添えて厚生労働省の本省にりん伺《し》する（上級機関に判断を求めること）ことを求めている。

大量の被ばくによる急性放射線症などの確定的影響の場合のように、被ばく線量の評価や作業の内容などで起因性の判断が容易なこともあるが、がんや白血病のように放射線特有の症状があるわけでもなく、被ばくしてから長い年月を経てから発症するものもある。なおかつ、発症にしきい値はなく、確率的なものだ。さらに確率にはばく露量以外に、年齢や性別といった要素も加わるので、結局、起因性の判断は個々の事例ごとに検討せざるを得ないということになる。

## 個々の事例は検討会で判断

それでは実際にどのように労災保険の請求事例が扱われているかというと、現在、白血病などの本省に情報を集めて判断することになる事例については、「電離放射線障害の業務上外に関する検討会」を開催し、1件ごとに検討して判断するという方法をとっている。この検討会は、専門家4～6名で構成され、事例が出てくるごとに随時開催されるようになっている。こういう方法がとられるようになったのには次のような経過があった。

最初に検討会が設置されたのは、２００３（平成15）年10月のことで、当時認定基準に病名がなかった多発性骨髄腫についての労災請求があったことによる。同年12月までに3回の検討会を開き、翌年2月に報告書をまとめ（巻末資料4）、この件について因果関係を認める判断を行った。報告書「多発性骨髄腫と放射線被ばくとの因果関係について」の冒頭で、「放射線被ばくと多発性骨髄腫との因果関係については、これまで種々の疫学調査が実施されているところである。そこで、最新の医学的知見について、文献を系統的に検索し、検索された文献を基にして多発性骨髄腫と放射線被ばくとの因果関係を判断することとした」と、新たな判断基準のための検討であることを記している。

その後、この検討会は本省に上がった事例検討のため、２００６（平成18）年に2回（いずれも急性リンパ性白血病の事例）開催している。そして翌年11月、再び認定基準に例示されていない病気についての検討会が始まる。病名は「悪性リンパ腫」で、5回の検討会を開き、2008（平成20）年10月に報告書をまとめている（巻末資料4）。

ただこの事例は、検討会の俎上に上がるまでに行政手順上問題のある経過をたどっていた。被災者の喜友名《きゆな》正さん（138頁参照）は、1997（平成9）年9月から6年4カ月の間、全国の加圧水型原発や六ヶ所再処理工場に、非破壊検査（エックス線や超音波によって機器や配管の内部の劣化状態を調べる検査のこと）を行う会社の孫請会社の作業員として立ち入り、合計99・8ミリシーベルトを被ばくした。2004（平成16）年1月には体調不良となり働けなくなって入院。手術を受けるなど療養の甲斐なく悪性リンパ腫の病名で、翌年3月に53歳の若さで死亡した。亡くなった後、妻は労災と認められるものと思い、会社を所轄する大阪の淀川労働基準監督署に同年10月に労災請求を行ったが、1年足らずの調査後不支給処分が行われた。理由は、病名が認定基準の例示にないというものだった。その後審査請求に舞台を移しても、審査官は労基署の不支給処分を変えず、そのまま棄却決定が行われようとしていたという。

そもそも認定基準によれば、「認定基準を定めていない電離放射線障害」は「関係資料を添えて本省にりん伺」するとなっており、もし悪性リンパ腫を「4　放射線造血器障害」とみても「認定基準により判断し難い電離放射線障害」ということになり、労基署段階で軽々に不支給処分などしてはいけないのだった。

審査請求も終盤に差しかかっていたところ、市民団体などの知るところとなり、支援の輪が急速に広がって、厚生労働省本省に申し入れが行われた。本省では労基署の手順自体が間違っていることを認め、審査は凍結されることとなり、改めて本省の検討会の俎上に上がることとなった。その結果、喜友名さんの悪性リンパ腫は業務上と認められ、淀川労働基準監督署はいったん行った不支給処分を自ら取り消し、遺族補償等の支給処分を行った。

この事例をふまえて、厚生労働省はりん伺事案への対応を万全にするため、各地の労基署への周知を徹底するとともに、本省の検討会も２００９（平成21）年６月より常設し、以降、２０１８（平成30）年３月で40回を数えるまでに至っている。

## 確率的影響の因果関係

ところで、この検討会では認定基準にない病気について、新たな判定基準を定めたわけだが、そうするともともとの労働基準法施行規則の別表第１の２に列挙している病名も問題となる。そのため、２０１０（平成22）年５月に別表の記述を改めて、「多発性骨髄腫」と「非ホジキンリンパ腫」が加えられることとなった。

２つの病気はともに、最新の医学知見を反映したものとするため、文献を系統的に検索して分析し、因果関係の存否の条件を導き出したものだ。それでは、確率的影響についてどのような数値がどう現れたら因果関係があると認めるのだろうか。

認定基準の確率的影響について記述している中で、唯一明確に数値で基準を示しているものがある。白血病である。

①相当量の被ばくがあり、②被ばく開始後1年以上経過した後に発症、③骨髄性白血病またはリンパ性白血病であること、という要件を満たすという基準だが、その相当量とは、「0・5レム（5ミリシーベルト）×（電離放射線被ばくを受ける業務に従事した年数）」としている。

広島、長崎の原爆放射線がもたらした数々の後遺障害の中で、最初に現れたのが白血病で、被ばく後の発生パターンや線量反応関係が他のがんと大きく違っていたとされる（図3）。また他のがんに比べて明らかに相対リスクが高いとされている（図4）。死亡数は少ないが、寄与リスク（放射線に起因する割合）は他のがんにくらべてとびぬけて高い（図5）。

### 被ばく線量の単位：シーベルトとレム

被ばく線量の単位はいろいろある。ある物質が放射線に照射されたとき、その物質の吸収線量を表す単位が「グレイ（Gy）」。人体が受けた放射線の影響は、受けた放射線の種類と対象組織によって異なるので、吸収線量に修正係数を乗じた単位である線量当量が「シーベルト（Sv）」。通常、被ばくによる健康影響、とくに確率的影響について説明するときは、人体への影響を考慮した物差しとして、「シーベルト（Sv）」を使用する。

1976（昭和51）年にできた認定基準、基発第810号では「レム（rem）」が使われているが、現在では国際単位系における単位である「シーベルト（Sv）」が使われる。シーベルトとレムの換算は、

1Sv＝100rem

となる。

したがって、白血病の認定要件に出てくる0.5レムは5ミリシーベルトということになる。

## 図3　原爆放射線誘発がん発生の時間的経過（模式図）

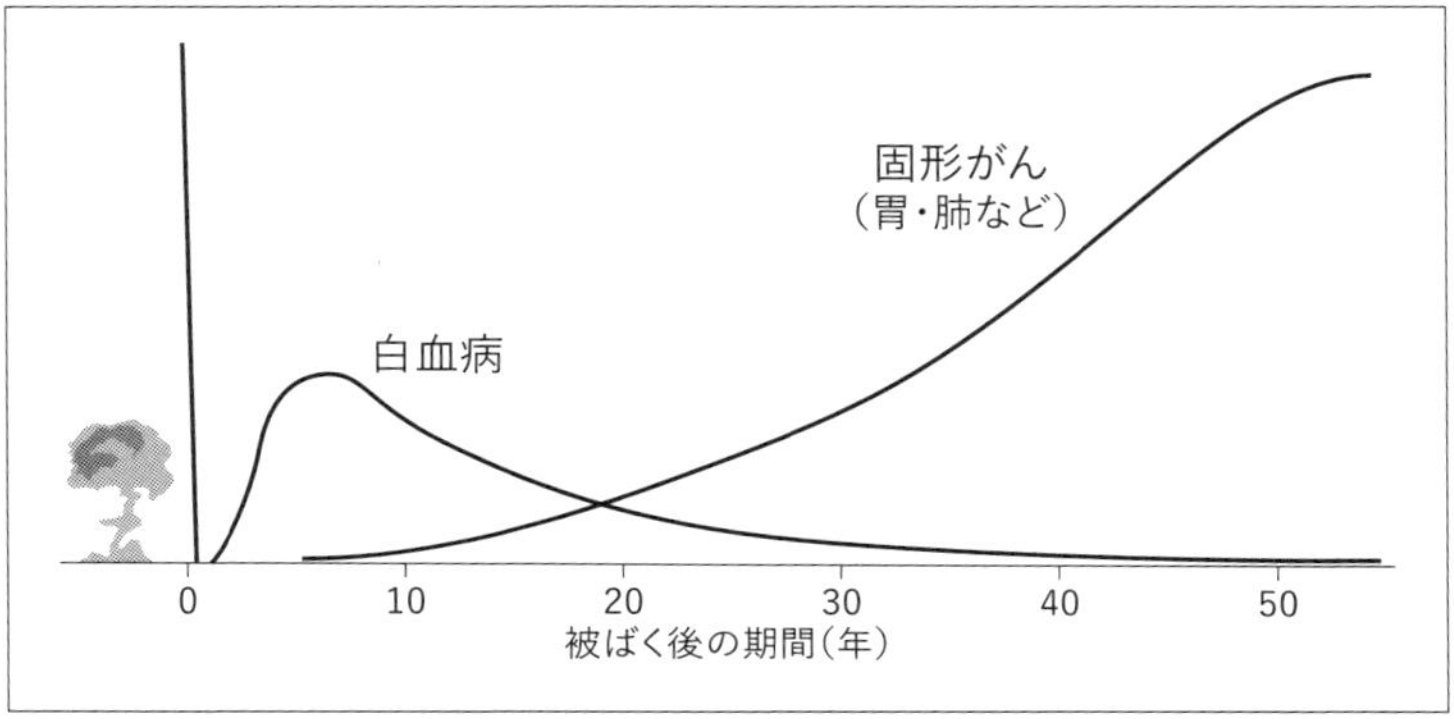


出典：放射線被曝者医療国際協力推進協議会編『原爆放射線の人体影響 1992』（文光堂、1992年3月）より

## 図4　部位別がん死亡の相対リスク

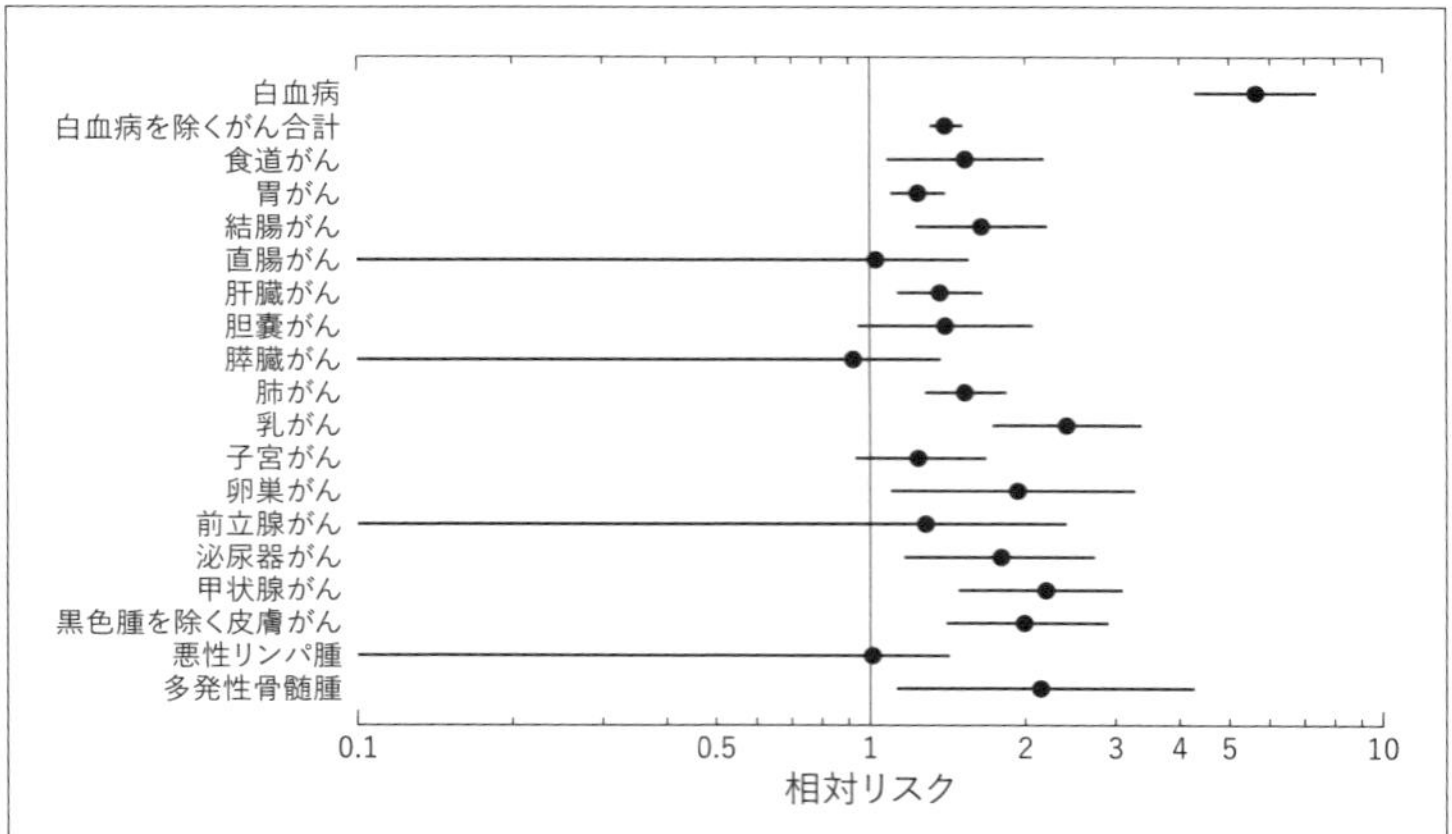


出典：(1) Pierce DA, Shimizu Y, Preston DL, Vaeth M, Mabuchi K: Studies of the mortality of atomic bomb survivors. Report 12, Part 1. Cancer: 1950-1990. Radiation Research, 146, 1-27, 1996

(2) Thompson DE, Mabuchi K, Ron E, Soda M, Tokunaga M, Ochikubo S, Sugimoto S, Ikeda T, Terasaki M, Izumi S, Preston DL: Cancer incidence in atomic bomb survivors. Part II: Solid tumors, 1958-1987. Radiation Research, 137, S17-S67, 1994

**図5　原爆被爆者におけるがん死亡者中の放射線に起因する割合（寄与リスク）**

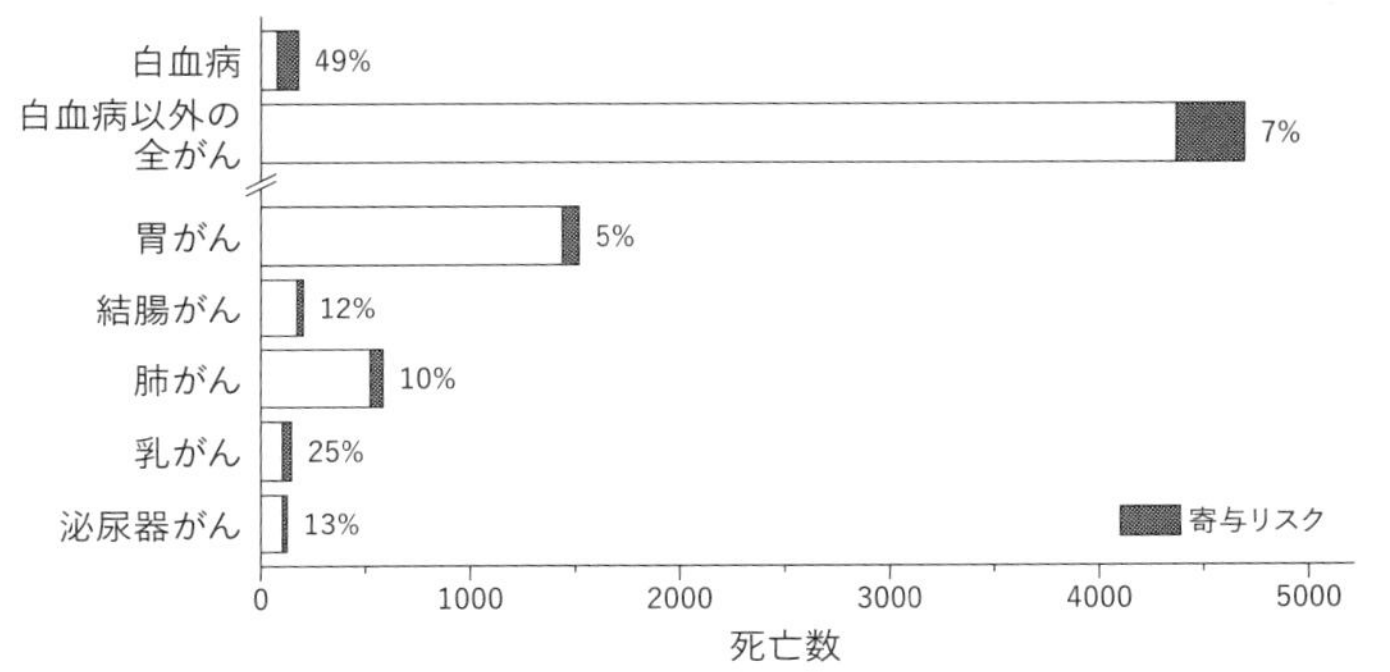


原爆被爆者：被ばく線量が5mSv以上の被爆者（平均被ばく線量200mSv）

出典：Pierce DA, Shimizu Y, Preston DL, Vaeth M, Mabuchi K: Studies of the mortality of atomic bomb survivors. Report 12, Part 1. Cancer: 1950-1990. Radiation Research, 146, 1-27, 1996

また、同じ被ばく線量でも被ばく時年齢が若いほど相対リスクが高いとされている。これらのことから、白血病の場合は、がんの中でも際立って被ばくとの因果関係が明確であるため、数値を示しているわけだ。

放射線業務に従事するときの被ばく限度は、年50ミリシーベルトかつ５年で１００ミリシーベルトである。この年限度の10分の１以上であれば因果関係があるということだから、法令を守った作業に従事していても、発病したら労災ということになる。確率的影響というのはそういうことだ。

よく放射線の健康影響の解説で、１００ミリシーベルトより低い線量ではがん死亡のリスクの増加が統計学的に明らかでないという説明が行われている。線量の増加に比例して確率も高くなるといえるのは１００ミリシーベルト以上で、それ以下なら他の因子に隠れるのでわからないというのだが、白血病に限っていえばそんなことはないのである。

それでは他のがんはどうだろうか。職業病として労働基準法施行規則別表第1の2に列挙されている病名は、白血病、肺がん、皮膚がん、骨肉腫、甲状腺がん、多発性骨髄腫、非ホジキンリンパ腫の7つだ。これ以外のがんはどうだろうか。放射線によって誘発されるのは、全部のがんであって、7つに限るという医学的な理由はない（図4）。

これまでの労災請求事例でも、種々のがんについて請求が行われている。厚生労働省の検討会は、請求のあったがんについて検討し、その時点での医学的知見として関連性について公表している。2012（平成24）年9月以来、8つのがんについて報告書を公表している（巻末資料5）が、いずれも国連科学委員会（UNSCEAR）の報告書をもとに次のようながん一般のリスクについて記述している。

「被ばく線量が100から200ミリシーベルト以上において統計的に有意なリスクの上昇は認められるものの、がんリスクの推定に用いる疫学的研究方法はおよそ100ミリシーベルトまでの線量範囲でのがんのリスクを直接明らかにする力を持たないとされている」

そして「当面の考え方」として、「被ばく線量が100ミリシーベルト以上から放射線被ばくとがん発症との関連がうかがわれ、被ばく線量の増加とともに、がん発症との関連が強まること」と、100ミリシーベルトを超えることを前提としたものとなっている。

## 2　労災請求をしよう

### 少ない労災認定事例

さて、これまでに放射線被ばくによる労災として認められ、給付を受けた事例は何例あるだろうか。厚生労働省本省が把握している件数として明らかになっているのは、1976（昭和51）年に認定基準が策定されてから2014（平成26）年2月までで、65件だという。開示された一覧（巻末資料8）をみると、昭和50

**表2　原発労働者の放射線被ばくによる労災認定状況**

| 年度 | 病名 | 被ばく線量 | 管轄局 |
|---|---|---|---|
| 1991（平成3） | 白血病 | 40.0 | 福島 |
| 1994（平成6） | 白血病 | 72.1 | 兵庫 |
| 1994（平成6） | 白血病 | 50.9 | 静岡 |
| 1999（平成11） | 白血病 | 129.8 | 茨城 |
| 2000（平成12） | 白血病 | 74.9 | 福島 |
| 2003（平成15） | 多発性骨髄腫 | 70.0 | 福島 |
| 2008（平成20） | 悪性リンパ腫 | 99.8 | 大阪 |
| 2009（平成21） | 多発性骨髄腫 | 65.0 | 福岡 |
| 2010（平成22） | 悪性リンパ腫 | 78.9 | 長崎 |
| 2011（平成23） | 白血病 | 5.2 | 福岡 |
| 2011（平成23） | 悪性リンパ腫 | 175.2 | 神奈川 |
| 2012（平成24） | 悪性リンパ腫 | 138.5 | 福島 |
| 2013（平成25） | 悪性リンパ腫 | 173.6 | 兵庫 |
| 2015（平成27） | 白血病 | 19.8 | 福島 |
| 2016（平成28） | 白血病 | 54.4 | 福島 |
| 2016（平成28） | 甲状腺がん | 149.6 | 福島 |
| 2017（平成29） | 骨髄性白血病 | 99.3 | 福島 |

（厚労省の公表分に基づき著者が作成）

年代（1975年～）は慢性放射線皮膚障害や皮膚がんが年に2件ほど認められている。白血病が最初に出てくるのは1982（昭和57）年で、1992（平成4）年には肺がんが1件認められている。この65件については職種が明らかにされていないので何ともいえないが、医療機関や工業分野での放射線業務従事者数を考えると、決して多い数字とはいえない。

一方、原子力発電所など原子力施設での作業による被ばくで労災と認められた件数は2017年までで20件となっている。そのうち1999（平成11）年に起きたJCO臨界事故による急性放射線症の3名を除くと17件となる（表2）。これも放射線業務従事者の数からみて、ずいぶん少ない。

なぜ少ないのだろうか。

## 労災請求が少ない理由

放射線が原因となる確率的影響は、特異性がないということがまずあげられる。日本人の死因の3割はがんで、発病ということだと5割といわれる。放射線被ばくによりリスクが高まったとしても、当人自身が思い当たるほどの際立ち方ではない。家族も医師も気に留めるということがないということになる。

次に、長い年月を経過してからの発症ということがある。白血病の場合はほかのがんに比べて早く現れるが、それでも1年以上経過してからのことだ。10年、20年も前の仕事の環境と今の病気が結びつくだろうか。

さらに、放射線被ばくの記録が当人のもとにあるかという問題がある。法令は、事業者に従事者の被ばく線量の記録と放射線業務従事者に義務づけられた特殊健康診断の記録を30年間保存する義務を課している。原子力施設の場合には、原子力事業者にも保存義務を課している。またこれらの記録は、放射線影響協会の「放射線従事者中央登録センター」に引き渡し、永久保存されることとなる。そして退職時には、従事者自身にもデータの記載された手帳を渡すこととなっている。ただ、最終的に従事者本人にルールどおり渡っていない場合も多いのが実際のところだ。原子力施設の場合、中央登録センターへの引き渡しは原子力事業者の義務となっており、退職後であっても本人が個人情報の開示請求をすれば、被ばく線量等のデータは入手することができる（図6、7）。

ところが原子力施設以外の放射線業務従事者の場合は、中央登録センターという確実な保存が望めないという問題がある。電離放射線障害防止規則は、事業者に30年の保存義務を課し、5年を過ぎて中央登録センターへ記録を引き渡したときはこの限りでないとしているだけで、引き渡しを義務とはしていない。たとえば医療機関の放射線業務従事者であれば、その医療機関を経営する事業主体が30年間保存することだけが義務となっているのだ。もし、この事業主体が廃業することになるとどうなるか。その場合は中央登録センターに「引き渡すものとする」と規定するだけで義務とまではしていない。実際、中央登録センターの事業年報を見ても、医

**図6　被ばく線量登録管理制度における個人情報の開示請求手続きの流れ**

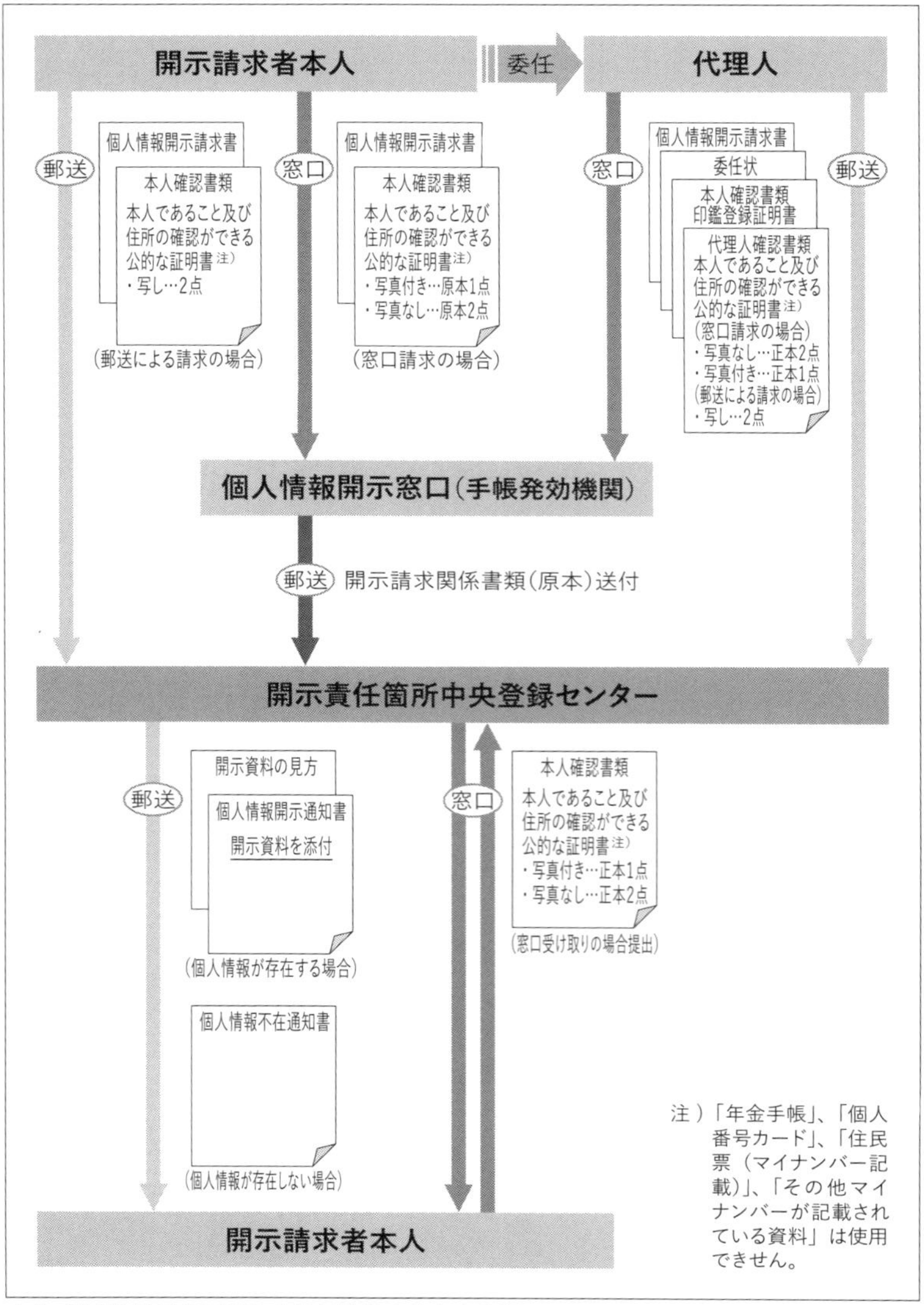


出典：（公財）放射線影響協会放射線従事者中央登録センターホームページ

## 図7　個人情報開示請求書

様式1

平成　　年　　月　　日

# 個人情報開示請求書

（放射線管理手帳発効機関名）　経由（原子力及び除染等経験者の場合）
（公財)放射線影響協会
放射線従事者中央登録センター 御中

請求者　現住所　〒　　－

氏　名　　　　　　　　㊞

電話番号　　－　　－

下記のとおり、貴協会の原子炉等規制法及び放射線障害防止法、並びに除染電離放射線障害防止規則及び電離放射線障害防止規則に係る被ばく線量登録管理システムに登録され、または、法令に基づき事業者から貴協会に引き渡され保管されている私（開示対象者）の全ての個人データの開示を請求します。

記

| | |
|---|---|
| 請求者の区分 | □ 本人　□ 代理人 |
| 従事経験 | □原子力施設　□RI 施設（研究所、病院、非破壊検査等）　□除染等事業場所<br>職歴（勤務先）； |
| 開示方法 | □ 郵送を希望します。<br>□ 放射線従事者中央登録センターでの受け取りを希望します。 |
| 開示対象者の郵送先　注) | 住　所　〒　　－<br>電話番号　　－　　－ |

注）郵送の場合、開示する個人データは、放射線従事者中央登録センターより「開示対象者の郵送先」に簡易書留で郵送されます。

| | | |
|---|---|---|
| 開示対象者の登録情報 | 中央登録番号 | 　　－ |
| | 性別 | 1．男　2．女 |
| | フリガナ | |
| | 氏　名 | （旧姓　　　） |
| | 生年月日 | T．大正　S．昭和　H．平成　　年　　月　　日 |

※以下の欄には記入しないでください。

| | | | |
|---|---|---|---|
| 受付年月日 | 平成　　年　　月　　日 | 担当者名 | |
| 本人確認書類 | □ 運転免許証　□ 住民基本台帳カード　□ 旅券(パスポート)　□ 健康保険被保険者証<br>□ 住民票の写し　□在留カード　□特別永住者証明書　□ 外国人登録証明書<br>□ その他（　　　） | | |
| 代理権証明書類 | □ 委任状および印鑑登録証明書　□ 公的証明書（　　　） | | |
| 開示方法 | □ 郵送<br>□ 窓口で交付 | 処理年月日 | 平成　　年　　月　　日 |
| | | 検印 / 照合 / 担当者印 | |
| 付記事項 | | | |

出典：（公財）放射線影響協会放射線従事者中央登録センターホームページ

療機関の事業廃止に伴う引き渡し件数は見当たらない。したがって、被ばくデータの保存は、法令上の措置はあるものの、確実性に欠けるものといってよい。もし放射線の影響が懸念される病気になったとしても、自身の被ばく情報が不明というようなケースは、普通にあることなのだ。

それから、そもそも放射線というものは、痛くないということがある。ベータ線の局所被ばくのように時期や場所が比較的はっきりした被ばくや、急性放射線症のようにしばらく後に命を失うような高線量の被ばくでさえ、そのときに痛いと感じるわけではない。ましてや低線量の被ばくが続く作業環境が何かを感じさせることはない。

放射線被ばくによる人体への影響は、発がんをはじめさまざまなものがある。もし放射線にさらされる環境で仕事をした経験があり、発がんなどの健康影響が出たときは、少なくともまず労災であることを疑ってみるべきだ。そして、被ばく記録を改めて集めてみよう。

## 3　原子力損害賠償制度と被ばく労働

### 無過失責任・責任集中・無限責任という原則

政府の委員会で、福島第一原子力発電所の事故後の処理に費やす資金は、総額21・5兆円に達する見積もりが出されているという（２０１７年12月９日第６回東京電力改革・１Ｆ問題委員会）。そのうち損害賠償は、７・９兆円となっている。

この損害賠償は、原子力損害賠償制度という特別な制度に基づいて行われている。制度について定めた最も基本的な法律は「原子力損害の賠償に関する法律」（以下、「原賠法」という）であり、一般の損害賠償とは大きく異なる原則を規定している（巻末資料６）。それは、原子力損害においては原子力事業者に「無過失責任」を負わせ、原子力事業者への「責任の集中」および「無限責任」という原則を定めていることだ。

被害者が損害賠償請求をする際に、一般の損害であれば、加害者の過失や故意があったことを証明しなければならないが、原子力損害ではその必要がなく、原子力事業者だけが全責任を負うこととなる。「異常に巨大な天災地変又は社会的動乱によって生じたもの」（第３条第１項後段）という極めて限定された例以外はこの原則が適用されることとなっている。

もし原子炉の部品の製造元であるメーカーに重大な過失があり、それが原因であることが明らかであった場合でも、原子力事業者に責任を集中するので、やはり賠償責任は原子力事業者が負う。法律の条文でもわざわざ「損害を賠償する責めに任ずべき原子力事業者以外の者は、その損害を賠償する責めに任じない」（第４条第１項）と、他の法律による誤解のないように念押しの規定が置かれている。

損害額が巨額となり、原子力事業者の資力をもってしても対応できない場合でも、賠償責任の限度はなく無限責任を負う。そうはいっても原資がなければ賠償できないので、それを担保するために特別な賠償責任保険である原子力保険の契約を義務づけ（第7条第1項）、保険で対応不可能なような損害が生じたときのために、政府との原子力損害賠償補償契約も結び（第10条第1項）、さらにそれを上回る場合の政府の支援についても規定している。

原子力発電の事業化が進められていた1950年代、万が一のときの原子力事故がもたらす損害は、一般の災害に比べてけた違いの規模になるという問題を解決する必要があった。そもそも、事故が起きたらすぐに会社の存亡が問われるようなリスクがある事業など発展のしようがない。それでも参入しようという事業者がいた場合、万が一のときに賠償の原資が底をつくとわかっているなら周辺住民は必ず反対することになる。したがってこの制度は、原子力発電の事業化を進めるために不可欠なものだった。

こうした原子力損害賠償制度は、米国で1957年に創設されて以降、原子力発電所を設置する各国で整備され、日本でも1961年に原賠法が制定されることになる。

## 被ばく労働による放射線障害は原子力損害

そもそも原賠法の対象となる「原子力損害」とは何だろうか。原賠法第1条には「原子炉の運転等により原子力損害が生じた場合における損害賠償に関する基本的制度」を定めると書いてあり、第2条第1項でその「原子炉の運転等」を定義し、続く第2項で「原子力損害」について「核燃料物質の原子核分裂の過程の作用又は核燃料物質等の放射線の作用若しくは毒性的作用（これらを摂取し、又は吸入することにより人体に中毒及びその続発症を及ぼすものをいう）により生じた損害をいう」と定義する。

ということは、福島第一原発事故やＪＣＯ臨界事故による損害が対象となるのはもちろん、原子力施設内で作業をしたときの放射線被ばくが原因で病気になったという損害も含まれる。したがって、労災認定を受けたような事例であれば、被災者や遺族は原賠法に基づいて損害賠償請求をすることができることになる。

ただ原賠法の特別な原則から、普通の損害賠償請求とは異なるいくつかの特徴を持つ請求ということになる。

一つは無過失責任ということだ。普通の労災民事損害賠償請求であれば、労働安全衛生法上の義務をどのぐらい講じていたかなど事業者の過失の存否が問題となり、場合によっては大きく賠償額が減額されるということがある。しかし原子力損害については、原子力事業者に過失があろうがなかろうが賠償責任はすべて負うということになる。したがって争点となるのは、原子力損害が存在するかどうか、その損害額はどれだけかということだけになるわけだ。

そうすると、労災認定基準に基づき労働基準法施行規則第35条別表第１の２に列記された業務上疾病であると労働基準監督署長から認められた放射線障害は、問題なく原子力損害と認められるわけだから、原賠法に基づく賠償が行われることになるはずだ。ところが、この当然至極の論理が、少なくとも裁判上は通用していない。

原発で配管工として放射線業務に従事し、多発性骨髄腫を発症、2004年に労災認定を受けた長尾光明さんの裁判（118頁参照）では、「高度な蓋然《がいぜん》性をもって証明されたということはでき」ないと賠償責任を否定した（2008年5月東京高裁判決）。厚生労働省の検討会で専門家による詳細な検討を経た業務上の判断であるにもかかわらず賠償責任を認めなかったこの判決は、その別表第1の2に多発性骨髄腫を加えることを決めた専門家会議の議事録でも触れられた、問題のある判決だった。晩発性で確率的影響の因果関係をどのように判断するか、線量反応関係をどう因果関係に反映させるか、いまだに裁判所では合理的な判断が示されてはいないといえよう。

## 責任の集中は確保されているか

もう一つ、原子力施設の設置者である原子力事業者に賠償責任が集中するという原則がもたらす問題がある。

普通の労災事故における民事損害賠償請求は、労災保険の各給付を受けた被災者や遺族が、それでは埋めることができない損害を事業者に請求するという形をとる。事業者側からみると、国に対して保険料を支払っている労災保険から補償給付を支払い、それを超えたものを賠償として支払うかどうかという話になるわけだ。したがって、労災保険の給付と損害賠償の出どころは元をたどればどちらも雇用主であった事業者ということになる。

ところが、原子力損害の場合は、賠償責任がすべて原子力事業者に集中するので、原子力事業者が直接雇用する労働者以外の場合には、労災保険の給付と損害賠償をするべき主体が異なることになる。

労災保険法では、第三者（被災者でも事業主でもない）の行為による災害に保険給付を行ったときは、その第三者に対して政府が求償することにしている（労災保険法第12条の4、巻末資料7）。事業主の保険料負担に基づく給付について、賠償責任を有する第三者に負担を求めるのは当然のことだ。

一方、原賠法のほうは責任集中の原則から、あらゆる損害の補填は原子力事業者が負うこととしている。したがって労災保険が適用され、労災保険の給付が行われたとしたら、その保険給付は所属する下請企業の保険料負担に基づくものなので、政府は労災保険法第12条の4に基づいて「その給付の価額の限度で」原子力事業者に対し「損害賠償の請求権を取得する」。

このことについては、原賠法が制定された当時から、求償の取り扱いについて行政通達が示されていたが、2015（平成27）年3月に改訂された通達で改めて次のように記述されている。

## 3　原子力損害に係る政府からの第三者に対する求償について

労災保険では、労災保険給付の原因となる事故が第三者の行為によって生じた場合、政府はその給付の価額の限度で、労災保険給付を受けた者が第三者に対して有する損害賠償請求権を取得する（労災保険法第12条の4第1項）。

原賠法は、こうした労災保険の第三者求償の枠組みについて一定の変更を加えており、その具体的な取扱いについては下記の方法による。

（1）原子力事業者の従業員ではない者が原子力損害を受けた場合

原子力事業者の従業員を除く原子力損害の被害者は、当該原子力損害の発生の原因にかかわらず、責任集中原則に基づき、原子力事業者への損害賠償請求権を有するため、当該原子力損害について労災保険給付が行われた場合の政府による第三者求償は、労災保険法第12条の4第1項に基づき原子力事業者に対して行われる。

（2）原子力事業者の従業員が原子力損害を受けた場合

〈以下省略〉

「原子力損害の賠償に関する法律の一部改正に伴う原子力損害が生じた場合の労災保険の取扱いの見直しについて」（平成27年3月25日基発0325第10号）

## 原子力事業者は責任を果たすべき

考えてみたら当たり前の話だ。原子力事業者に雇用されているのではなく、下請企業の労働者として原子力施設で被ばくして労災給付を受けた事例は、17例ある労災認定事例のほとんどだ。これらの給付について、政府は原子力事業者に対する請求を行うということだ。

もちろん法律には「請求権を取得する」と書いてあるだけだし、行政通達も「原子力事業者に対して行われる」とあるだけで、必ず請求するというわけでもない。ただ、もし行われていないとすると、原賠法の責任集中の原則は、脆くも崩れ去っているということになってしまう。

政府の判断として請求を行っていないだけ、労災保険の給付をしたからといって、必ずしも原子力損害であるとは断定できないなどという判断がいずれかの場でなされたというのであれば、その理由を明確にする必要があるだろう。もちろんそんな話はどこにもあり得ないのだから、請求が行われるべきだといえる。

下請企業の被災労働者への給付額は、そのままその下請企業の保険料負担にメリット制（事業の労災発生状況に応じて、労災保険率を増減させる制度）の適用を通じて給付が支給された年度の2年先にダイレクトに反映している。結局、原賠法の責任集中は成り立っていないことになってしまう。メリット制の適用がない企業の労働者に対する給付なら、そもそも原子力損害を全事業場の労災保険料で負担することになり、まったく筋が通らない話になる。

「一人も泣き寝入りさせない」という言葉は、原賠法を制定した1961（昭和36）年に国会審議で、政府側の趣旨説明や答弁で使われていた。原子力事業者が負担することがない損害賠償が現実にはまかり通っているという現実をもっと直視すべきではないだろうか。

## ありふれた病気、でも放射線を疑おう

放射線被ばくの健康影響のうち、確率的影響の因果関係をめぐる議論は、労災保険の認定基準ができた1976年から相当進んでいるといってよい。法令に列挙されているのは白血病といくつかの固形がんだが、放射線被ばくがたくさんの病気のリスクを引き上げることは明らかになってきている。

業務上疾病かどうかを判断する厚生労働省の検討会は、その前提の上で、年齢、性別、被ばく歴と時間等の要因を個別に検討することとしているが、その手法についても提唱されるようになってきた。個別の条件を検討し、それに適応する過剰相対リスクの数値を参考とする方法をとれば、目に見える因果関係の評価ができることになる。こうした方法は、米国公衆衛生院国立がん研究所が被ばく補償のために開発した「原因確率」として活用され出したのが最初とされるが、検討に値する方法といえるだろう。

ただ裁判所で、こうした確率的影響の因果関係が十分に検討されたことはない。今後の原賠法に基づく裁判の中で、しっかり議論されることを期待したい。

職業上の放射線被ばく歴を持つ労働者や元労働者は、発がん等の病気に見舞われたとき、ありふれた病気にかかったと単純に考えないでほしい。それがずいぶん前の記憶のかなたのことであっても、被ばくの記録を集めてみよう。そこから発病原因の手がかりがつかめるかもしれない。

**（西野方庸）**

# 第3章

# 被ばく労災補償をめぐる闘いの記録

# 最初の原発被ばく裁判が明らかにした因果関係立証の難しさ

## 岩佐嘉寿幸さん（放射線皮膚炎）／損害賠償請求裁判の経緯

西野 方庸

「以上において、原告の患部の症状の側面から考察し、阪大初診時以降の症状は、かなりの程度に放射線皮膚炎を疑わせるものがあるとの結論に達した。しかし、同症状を放射線皮膚炎と仮定した場合の初発の時期を確定することができなかった」

原子力発電所内での作業に従事して被ばくした放射線による傷害の有無が、初めて法廷で争われた岩佐訴訟の原審判決のくだりである。

配管工事のため、一時的に立ち入った作業者のひざに現れた症状について、何人もの証人調べが行われ、医学鑑定も行われた結果、裁判所はほとんど放射線皮膚炎に間違いなかろうとの判断を下していた。ところが想定された被ばくの時期から約１週間後、患部が赤く腫《は》れていたという初発の症状について、客観的な証拠がなく、裁判所は確定を避けたのだ。

１９８１年３月30日に大阪地方裁判所で言い渡された岩佐訴訟の原審判決は、放射線被ばくと健康障害の因果関係判断の難しさを示して余りあるものだった。

## 提訴に至る経緯

岩佐嘉寿幸さんは、大阪市港区にある海南土木という小さな水道管工事会社に勤めていた。パイプの中の水流を止めずに穴をあけて枝管を取り付けるという特殊工事を行う熟練工で、器材を積んだトラックとともに各地を飛び回る日々だった。1971（昭和46）年5月27日、岩佐さんは助手と2人で福井県敦賀市の日本原子力発電株式会社敦賀発電所に出かけた。前年に日本最初の軽水炉として営業運転を開始した同発電所の保証工事を担当していたGE（ゼネラルエレクトリック）社から元請け、下請け、孫請けと下りてきた仕事だった。「作業は原子炉建屋内でしてほしい」と初めて聞かされた岩佐さんは、話が違うといったんは断ったが、押し問答の末、結局作業を引き受ける。

岩佐さんら2人は、パンツ一枚になって着替えて、原子炉建屋内に入り、格納容器への入り口近くの「汚染監視区域」で、直径40センチの海水パイプに枝管を取り付けた。2人が建屋内にいたのは約2時間半。2人とも原発内での仕事は、後にも先にも一度きりだったが、係員は作業の始めと終わりに顔を見せただけで、作業中は誰も立ち会わなかった。

岩佐さんの体に異常が現れたのはそれから約1週間後。右ひざ内側に直径8センチほどの発赤ができ、全身がだるく、熱があるので近くの医院に受診した。発赤はいったん治まったが、しばらくすると再発。その後も経過が思わしくなく、翌々年の73年8月に大阪大学医学部付属病院の皮膚科で診察を受けることとなる。

当時、岩佐さんの右ひざは、直径10センチほどにわたって暗褐色に変色、ところどころに米粒大の白い斑点が浮き上がっていた。足にはむくみがあり、ふくらはぎを指で押すと、皮膚はくぼんだままになる。

診察を担当した田代実医師は、接触性皮膚炎、虫刺され、薬によるアレルギーなど考えられる原因について一つひとつテストを続ける一方、岩佐さんが作業をした発電所にも出向いて被ばくの可能性についても調査を行った。その結果、①症状の経過がよく合うこと、②他の可能性のある原因がすべて否定されたこと、③被ばくの可能性があったことから、翌年の3月2日、岩佐さんの症状を「放射線皮膚炎、二次性リンパ浮腫」と診断したのだった。

岩佐さんは、この診断書を得て日本原電と示談交渉を開始する。しかし問題が明るみに出て国会でもとり上げられるようになると、日本原電や当時の科学技術庁は「皮膚炎を起こすには多量の被ばくが必要で、そんな可能性は考えられない」と被ばくの事実を否定する。このため岩佐さんは１９７４（昭和49）年4月、原子力損害の賠償に関する法律（原賠法）に基づき損害賠償請求訴訟を起こした。

同時に国会では、田代実医師らが参考人として招致されるなどし、結局、科学技術庁は10人の専門家を集めて「原電敦賀発電所放射線被曝問題調査委員会」を設置、あらためて岩佐さん、田代実医師らに出席を求めた。田代医師は、調査の進め方について公開での開催を求め、真実に近づくべく進め方についての検討を求めた。しかし、この調査委員会は、まったく誠実な対応をすることなく、従前に準備された情報をもとに、被ばくはなかったという報告書を科学技術庁に提出するなり、そそくさと解散をしてしまった。

以降、法廷での争いに舞台が移ることとなった。

## 放射線皮膚炎かどうか、被ばくがあったかどうかが争点

原賠法は「原子炉の運転等の際、当該原子炉の運転等により原子力損害を与えたときは、当該原子炉の運転等に係る原子力事業者がその損害を賠償する責めに任ずる」(第3条第1項)と、無過失責任を定めている。そのため、普通の民法による損害賠償請求訴訟のように被告の故意、過失を立証する必要はない。したがって因果関係のみが争点になるわけで、放射線皮膚炎かどうか、被ばくがあったかどうかを検証することに法廷は費やされた。発電所の現場検証3回、32回開かれた口頭弁論で8人の証人調べが行われた。

被告日本原電側はまず、「放射線皮膚炎」の診断に疑問を投げかける。岩佐さんが作業の1週間後発赤ができて近隣の医院で診てもらったときのカルテには、発赤は「右肘《ひじ》」にできていた、と書かれており、岩佐さんの患部である「右膝《ひざ》」ではない。最初の発症があったとして阪大病院を受診するまでの2年少しの経過について、岩佐さんの記憶は曖昧で、岩佐さん自身の話をもとに診断を下したことには疑問があると主張。鑑定人として土屋武彦氏(当時、放射線医学総

合研究所障害基礎研究部長）を申請した。土屋鑑定人は岩佐さんの症状を「約30年前の右足の骨折が原因で、血行障害を起こしたものとみるのが最も自然」とし、放射線皮膚炎を否定した。

これに対して原告側は、鑑定人の証人調べにおいて、鑑定人の医学的根拠についての矛盾点を指摘し、断定であった鑑定書の結論も証人調べでは「私の考え」という言葉が出てくる始末となった。結局、この鑑定書自体に信頼性が欠けると判断されることとなり、原告側からの再鑑定の要求が認められることとなった。

再鑑定を行った井沢洋平氏（当時、中京病院形成外科兼皮膚科部長）は、「我々皮膚科医の知る疾患のうち、放射線皮膚炎であることを否定することはできない」とする鑑定書を提出。結局、被告側推薦の土屋鑑定が否定されることとなった。

もう一つの被告側の主張は、「仮に放射線皮膚炎であったとしても、敦賀原発内で被ばくしたとは考えられない」というものだ。岩佐さんが原発に入った当時、着装させられたのはポケット線量計だった。精度は今とは比べものにならない万年筆状の形をしたアナログ式のもので、1ミリレム（今の単位では10マイクロシーベルト）と記録されていた。また、作業をした現場に最も近いエリアモニターが示す空間線量率は十分に低く、作業の対象だった海水パイプや床の汚染もなかったとする証拠が提出された。

これに対して原告側からは、作業当時は5月3日から運転を停止しての点検中であり、制御棒駆動機構の引き抜きなどの作業が行われていて、燃料棒のピンホールから多量のヨウ素13

1が一次冷却水中に漏れ出すなどして、原子炉建屋内が炉内の放射線で汚染されやすい状態にあったことを指摘。岩佐さんが作業をした近くが「汚染区域」に指定されていたことや、線量計の記録やエリアモニターの記録が長期間を経てから提出されているなど信ぴょう性に問題があることなどを主張した。また、皮膚症状を引き起こす被ばく原因として想定される、作業時に使用したバケツの水と患部の関係については可能性を例示した。

賠償をスムーズにして被災者を保護するために無過失責任の原則を取り入れた原賠法による裁判であるにもかかわらず、原告と被告の主張はことごとく対立する経過をたどった。

## 「労災はあってはならない」という対応に終始する被告

そもそも1970（昭和45）年、エキスポ70の大阪万博会場に原子の火を灯したという敦賀原発で、被ばくによる労働災害はあってはならないものだった。

訴訟にいたる前に国会でとり上げられて調査委員会が設置された。主治医であった田代実医師が調査委員会に招致され、経過を証言している。また診断に先立ち、敦賀原発に田代医師らが調査に出向いた際には、日本原電の産業医以外にも東京から放射線防護を専門とする吉澤康雄東大教授（当時）までが出向いて対応したというのである。このような当時の原子力開発を背負ったような日本原電側の対応に、田代医師の診療と鑑別診断はより慎重に進められることとなった。

さらに岩佐さんは、最初の示談交渉の過程で、日本原電側から阪大病院以外の他の大学病院で受診してほしいと頼み込まれ、一時応じたことがあった。交通費はもちろん日当も支払うという前提で、指定された千葉大学病院に行き受診。しかし岩佐さんは医師に会うなり開口一番「阪大以上のことはしてくれるのか」と問う。それはできないという答えを聞くと、直ちに受診を取りやめ、帰阪したという一幕もあった。

岩佐訴訟をめぐるやり取りで、当時の日本原電や政府が求めたのは、真実の在り処ではなく、あってはならない国策の原子力発電所での放射線障害を消すということだったのだ。

## 矛盾する判決

1981年3月30日、大阪地方裁判所の判決に戻る。

判決は症状について、「放射線皮膚炎との整合性を否定すべき事情は窺《うかが》えない」とし、類似の疾患について、一つひとつとり上げて否定したが、初発の発赤の時期についての証拠不足を指摘して、疑問を呈した。しかし被ばく原因の有無について、「症状の面から解明できなかった点が補充されることになれば、両者を併せた総合評価による認定ができる」とした。

この被ばく原因の検討については、いくつかの前提を置く。

その1つは、「通常の社会生活を営む者が、放射線、殊にベータ線と思われるものの500レム程度の被曝を受ける機会は極めて稀有といってよい」とし、その機会に遭遇したのだから「被曝原因の吟味は十二分になされる必要がある」とした。

その2は、「被曝の有無を審査する資料は、被告の手中にあるもの以外には考えられないうえ、もしもそれらの資料に作為が加えられることになれば、真相の発見は不可能」であり、「具体的危険性が認められるときは、被告において被曝の事実がないなどの特段の反証をしない限り、放射線被曝の事実を推認して妨げない」とした。

そして「原告のごとき部外者にとって、具体的危険性の立証と雖《いえど》も決して容易なことではないのであるから、その判断基準として余り高度の蓋然性を要求することは相当でない」とする。

その3は、汚染源のあり方が空間的、時間的な広がりを持っていることであり、その4では、原告の患部が身体のうちで比較的外部との接触に乏しい部分でしかもその一部であるとした。

これらの前提を置いたうえで、にもかかわらず被ばくの具体的な危険性をうかがい知ることができなかったと判断し、原告の請求を棄却するとの判決となったのだった。

## 敦賀原発の放射能垂れ流し事故が発覚

この判決言い渡しがあった3月30日の翌々日、4月1日に敦賀発電所の放射能垂れ流し事故が発覚することになる。この年の1月10日と24日に冷却水漏れ事故があり、秘密裏に発電を続けながら修理が行われ、3月8日には放射性廃液の大量流出事故があったとされる。事故隠しと資料の隠蔽《いんぺい》が、岩佐訴訟の判決言い渡しの日ギリギリまで行われていたことになる。

判決文にある「もしもそれらの資料に作為が加えられることになれば、……」を地で行くような隠蔽は、まさにこのとき行われていたのだった。岩佐さんが作業に使用したバケツの水はどこから来たのかについて、原告側主張では、一次冷却水である可能性について触れたことに対し、日本原電側代理人作成の準備書面は「笑止の限りである」などと反論したのだったが、実はそのまま本当の話として通りそうなことだったのだ。

その後、岩佐訴訟は控訴審の法廷を重ね、2回の医学鑑定と元作業助手らの証人調べが行われ、1987（昭和62）年11月に再び敗訴の判決を受けることとなる。

## 70万人にのぼる被ばく労働者の健康影響の問題を提起した岩佐訴訟の意義

見えない、触われない、においない、聞こえない、それに味もしない、放射線とはまったく得体のしれないものだ。そこに加えて人体への影響はといえば、急性症状でさえ直ちに現れず、晩発性の障害は何年もあとに現れる。影響は重篤で、とくに確率的影響は致命的な症状として現れる。しかも、それぞれの症状に特異性はなく、因果関係は確率で表すことになる。

甚大な被害を及ぼすものであるからこそ、原子力開発を支える前提として、「一人も泣き寝入りさせない」原子力損害賠償制度ができているはずであった。ところが放射線の健康影響の特徴は、原子力事業者や原子力開発を進めようとする人々にとって、その賠償への厚い遮蔽《しゃへい》とすることもできるわけだ。

放射線被ばくによる健康障害について、因果関係をめぐる争いは、裁判所も行政機関もいまだに合理的で納得できる判断を下せていない。原賠法における原子力損害がそうであるし、労災保険法、労働基準法上の業務起因性の判断においてもそうである。

職業上の放射線被ばくを余儀なくされる労働者は、原子力施設、工業的分野、それに医療従事者も含めると、70万人はいるだろうか。これらの人々の健康影響にかかわる問題としても、岩佐訴訟をめぐる経過は意味があったと考えている。

# 「原発労働で死んだ人はいない」という嘘を暴くために

## 嶋橋伸之さん（慢性骨髄性白血病）／労災認定までの経緯

嶋橋　美智子

１９９３年の労災申請から四半世紀、私も今年で81歳になります。下の孫が成人しました。月日の経つのは早いものです。労災認定の文をというお話をいただきましたが、当時のことを思い起こして書くことは大変な作業です。

当時、東京都日野市にお住いの藤田祐司さんが、私の活動を「浜岡からの手紙」（私が横須賀に戻ってからは「横須賀からの手紙」）というミニコミで伝えてくれました。２人で『息子は死んだ』（新読書社、２０１３年）という本をつくりました。今回はそこから抜粋し、一部加筆・訂正しました。詳しいことはその本をお読みください。

### 息子の仕事

１９８１年３月１日、伸之は高校を卒業すると協立プラントコンストラクトに入社しました。中部電力の保守・定期検査作業を請け負っている中部火力工事の孫請会社で、中部プラントサービスの下請会社にあたります。日立系列の会社です。配属になったのは新設された原発部門でした。春の卒業を待って、3月5日に「浜岡原発に研修」という辞令をもらい、運転免許講習中なのに中断して出かけて行きました。

勤め始めて3年頃、友達の結婚式の後に浜岡に帰るのを嫌がりました。「友達がみんな辞めるから、辞めたい」と言うのです。

「『石の上にも3年』と言うではないか。今がいちばん辛いとき。それを越すと慣れて、それからがベテランになれるのだ」と諭しました。どんな仕事でも初めはわからないことだらけ、賃金も安いだろうし、上の人からもガンガン怒鳴られて辛いだろうが、そうやって仕事は覚えていくものだ、と主人も私も思っていたのです。

そのうちにだんだんと浜岡の生活に慣れたようで、横須賀へ戻る回数も減り、しまいには帰ってこなくなりました。

仕事は8時半始業です。8時15分頃に家の前で待っていると、会社の車が迎えに来ました。朝礼後、班ごとに別れて中部プラントの指示で作業の打ち合わせ。9時頃現場に入ります。11時半頃休憩。午後は1時半から。5時前に夕礼を行い、5時終業。5時20分頃には家に帰っていました。

「核計装」「バルブ」「工事」の班がそれぞれ5人ずつ、他の2班で約15人。協立で合計30～40人。その他、メーカーの人や清掃作業員など、いろいろな職種の人が定期検査で入ります。多いときで5000人にもなります。

息子は「核計装」の班に所属し、原発炉心の燃料の間に挿入されている中性子の量を計測する装置、「インコア・モニター」の保守・点検・管理をする技術者でした。

原子炉を一定の出力で運転するには、中性子の量を制御し続けなければなりません。中性子の量がねずみ算式に増え続ける状態になればいわゆる「暴走」と呼ばれる事態となり、チェルノブイリ原発のような事故になります。逆に中性子がどんどん減ってゆけば原子炉は止まってしまいます。原子炉の中で核分裂反応が始まると大量の中性子が炉内を飛び回りますが、運転中の原子炉は密閉状態ですので、外から高精度で測定することはできません。したがって、原子炉の制御に必要な中性子の増減量を測るために燃料の間に計測装置を置いて中性子の量を測定することになります。

浜岡原発は、「沸騰水型軽水炉・BWR」と呼ばれるタイプで、この型の原子炉ではインコア・モニターは炉心の下から燃料の間に挿入されるので、下から上に向かって何本ものパイプが原子炉に、「突き刺さっている」ような構造になります。

現場に入る前に放射線の量を測る計測器とアラームメーターという警報器を身に付けます。出るときはハンドフットモニターという手足の放射能汚染を検出する機械を通らなければなりません。汚染が残っていると落ちるまで水で洗い、それから着替えです。そして機器を返し、被ばく数量の記入された紙を受け取ります。この紙を所定の箱に入れて帰り、後ほど事務員さんが放射線管理手帳に記載するわけです。ですから本人はその数字をメモしておかない限りどの程度の被ばくを受けたのかわかりません。なくすといけない、と言って決して本人に返してくれません。

放射線管理手帳の「注意」に、「会社を退職する場合は、事業者から、この手帳をすみやかに受取り、保管して下さい」と書いてあります。

以前、科学技術庁との交渉でこの点を正しましたが、「返しているはずです」の一点張りです。お役所は実情を何も把握しておりません。

作業現場は原子炉の真下。高温でマスクをしていると前が曇って息苦しかったり、作業のじゃまになったりしてマスクをはずすこともあると聞きました。そうすると放射能を帯びたチリやホコリを吸ってがんになる可能性があります。いわゆる内部被ばくです。内部被ばくはホールボディカウンターという機械で量を測定します。息子の放射線管理手帳を見ますと3カ月おきに測っていますが、数字が記入されているということはマスクをはずして仕事をしたこともあったのでしょう。

原発は電気事業法（2013年7月8日より原子炉等規制法）により年に1回、定期検査をやらなければならない、と義務づけられています。浜岡でも1号機、2号機とかわるがわる、およそ3カ月間かけて検査します。87年からは3号機も加わりました。

## 放射線管理手帳の被ばく歴

息子の放射線管理手帳の被ばく歴欄を見ますと、いちばん最初に、
「昭和55年4月1日〜昭和56年3月6日、放射線作業に従事せず」
「昭和56年3月23日〜昭和56年3月31日、評価線量50ＴＬＤ」
「昭和55年度集計線量50ミリレム」

と記載されています。ＴＬＤというのは熱蛍光線量計という計測器です。

放射線にはアルファ線、ベータ線、ガンマ線の３種類があります。アルファ線は紙１枚で吸収されてしまうほどの通過力。ベータ線は、紙は通過しますが金属は通過できません。ガンマ線はいちばん強力で、金属も通過してしまいます。ですから、いろいろな装備でアルファ線やベータ線は防ぐことができますが、ガンマ線は体を通過して一部が吸収され遺伝子を傷つける可能性があります。そのため、国際的な基準がつくられています。

１９７７年の国際放射線防護委員会（ＩＣＲＰ）勧告によれば、一般人では年間５ミリシーベルト。85年には１ミリシーベルトへ切り下げ。職業人では50ミリシーベルト。90年勧告では、どの１年も50ミリシーベルトを超えないで、５年間で１００ミリシーベルト（年平均20ミリシーベルト）を超えないこと、に引き下げられました。リスクベネフィット論というのだそうですが、職業とはいえ人間の体に違いがあるわけではないのですから、一般の人より１年間で20倍

も浴びてよいというのはおかしいですよね。

息子は81年3月から89年10月まで約8年半被ばく労働に従事しまして、合計で50・93ミリシーベルト浴びました。ICRPの新基準である年間20ミリシーベルト浴びたことは一度もありません。確率とはいえ、それでも白血病になってしまったのです。

ちなみに息子の放射線管理手帳の被ばく線量を計算しますと、昭和55年度50ミリレム、56年度230ミリレム、57年度445ミリレム、58年度218ミリレム、59年度550ミリレム、60年度610ミリレム、61年度680ミリレム、62年度980ミリレム、63年度860ミリレム、平成1年度4・7ミリシーベルト、合計で50・93ミリシーベルトでした（後に50・63ミリシーベルトに訂正）。

自然放射線は太古の昔から存在し、日本ではおおよそ年間1ミリシーベルト浴びているといわれますし、私たちの体の中にも微量ですが存在しています。しかし、生物は代謝して体外に出すしくみをつくって生きてきました。人工放射線を出す同位体は化学的特性の近い元素と一緒に体内に取り込んでしまうと、代謝することができず蓄積してしまいます。これが体の細胞を変化させがんになるといいます。人工放射線はなるべく浴びないほうがよいというのはそういうことをいうのです。

原発に入る前には安全教育を受けることになっています。放射線管理手帳の教育歴の欄に81年3月9日付で、中部火力工事株式会社浜岡事業所放射線管理課で6時間の講義を受けたことになっています。ご丁寧にも入院中の91年5月と6月にも講義を受けたことになっていますが、さすがにこれは誤記入ということで訂正されています。しかしこのことで、「安全教育」なるものの実態がわかると思いませんか。

## 慢性骨髄性白血病と診断

89年9月27日、主人の定年を機に私たちは浜岡に越して来ました。引っ越しの荷物を片づける最中、私も息子も体調がすぐれません。そこで9月30日、町立浜岡総合病院に行きました。検査をして薬をもらい、家で昼食を取っていると病院から息子に電話がかかってきて、「やり残した検査があるので午後から来てください」と言うのです。

麻酔をかけられて胸から骨に穴を開けて骨髄の液を抜きました。白血病の検査です。白血球数は2万8500で、通常の3倍以上ありました。初診から白血病とわかっていたのでした。「ここでは治療ができません。浜松医大附属病院を紹介します」と言われました。原発のある浜岡町で、白血病患者が出てはまずいという配慮があったのかもしれません。

10月26日、3人で浜松医大に行きました。そのときは検査だけして帰ってきました。11月中旬を過ぎましても、本人は忙しいからとか、会社でも健康診断を受けた、と結果を聞きに行こうとしません。心配して私は部屋に置いてあった診察券を持って、そっと検査結果を聞きに行きました。

年配の医者は風格のある人で、慎重な口ぶりで説明を始めました。

「お気の毒ですが慢性骨髄性白血病です。今の時代は薬や医学が発達していますので……。次回からは担当医が変わりますので血液科のほうへ行ってください」

説明しながらもなぜか先生は落ち着かない。そわそわどころか膝がガタガタと震えています。

「本人が忙しいもので私が参りました。ありがとうございました。病名は白血病ですね。がんではないのですね」

「いいえ、がんです。白血病は血液のがんです。昔なら治らなかったし、生きていても3、4年の命です。しかし現在は化学療法もありますし、手術の方法もありますので……」

その言葉に頭の中が真っ白になりました。そんな馬鹿な！　20代の若さでがんになるなんてとても信じられません。こんな立派な病院なのだから、すべてを大学病院にゆだねて最高の治療をしてもらおう。当時はそう考えるのが精一杯でした。

この時期、放射線管理手帳の健康診断の欄には、

「平成1年5月18日、白血球数7700、総合判定異常なし」

「平成1年8月9日、総合判定異常なし」

とあります。

息子の放射線管理手帳を見ますと、特殊な仕事に従事しているためか、健康診断は年4回、時には5回、3カ月に1度あるいはそれ以上実施されていたことがわかります。半年に1度は

血液検査などを伴う健康診断を行い、その間に行うのは問診のみのようです。

放射線管理手帳では、昭和63年6月6日の定期検診で白血球数は1万３８００もありました。通常値は４０００～８０００ですから、明らかに異常です。入社早々は３０００～４０００程度でした。本人は、「異常なし」という会社の検診結果に何の疑問も抱かなかったのでしょう。このときに気づいていれば、あるいはもう遅かったのか……。

翌日の朝、本人が現場へ行った後、私は会社の事務所に駆け込みました。病院での話をありのまま伝え、本人には知らせないでと頼んで帰りました。

1日か2日後、「お母さん、もう一度会社の者を一緒に、病院の説明を聞きに連れて行ってほしい」と連絡がありました。中部プラントも中部電力の幹部たちも慌てふためいてやって来ました。

それまで、日本の原発で白血病患者が出たという記録はありませんでした。

## 闘病

通院の始まった10月からは事務所勤めになり、被ばく労働から解放されました。

最初の頃は休みを取って通院していました。医療費にお金がかかりますし、通院のたびに休暇や賃金カットでは困ります。会社に勤めていて病気になったのだから当然労災補償は受けられるものと思い、病気欠勤時の扱いや休業補償、医療費の補償などについて尋ねると、「労災は無理です。それに本人に病名がわかってしまいます」と言われました。病名がわかってしまうのはまずいと思いましたが、毎月の医療費が心配になりました。家の事情を会社に伝えますと、通院中も通常の出勤と同じ扱いになりました。

労災補償を受けるということは、正常運転している原発に勤めて白血病になったことを会社が認めることです。原発は安全だと宣伝してきた電力会社がそんなことを許すはずはありません。また、そのとき私は、放射線を浴びながら息子が仕事をしていたとは夢にも思いません。被ばく労働の存在すら知らなかったのです。

会社は通院のたびに白血球数や薬の種類などを病院に問い合わせていました。

私たちの心配をよそに、本人は毎日元気に休むことなく出勤していました。家ではきちんと薬を飲みません。職場でもちゃんと薬を飲むように注意すると、「いいんだよ。この薬を飲むと頭がハゲてくるから。入院したらゆっくり飲んでやる」と話したそうです。本人は本を読んだり人の話を聞いたりして、白血病のことをうすうす感づいていたのかもしれません。

通院を始めて1年。90年10月21日、診察後入院を勧められました。そのときも本人はいたって元気です。さすがに「えっ」と驚きました。ビックリとガッカリが一緒のようでした。

白血球数が目安だったのでしょうか。そのときは6万を超えていました。入院当初は6人部屋でした。血液科の入院患者には一人一人に空気清浄器が頭のそばに取り付けられていました。白血病以外の症状の重い方も一緒でした。化学療法で抗がん剤を点滴の中に入れます。強い薬で、年内には髪の毛が抜けてしまいました。

1月、2月と新薬を替えても効かず、3月にはインターフェロンを使いましたがそれも効果がなく、ついに使う薬がなくなってしまいました。日増しに体力の衰えと病状の悪化が進行しておりました。

6月になりまして個室に移りました。10畳ほどの広さで面会謝絶です。頭のほうに窓がありましたが、閉め切りで開けてはいけないことになっていました。ベッドの横に酸素マスクや心電図などのコンセントが並んでいました。ドアを開けて中に入るとまた一つ、カーテンで仕切りがあります。無菌室がありませんのでカーテンがその役割です。いつの頃からか院内でMRSA（メチシリン・セフェム耐性黄色ブドウ球菌）に感染していました。息子を亡くしてから、『院内感染』という本を読んで、ああ、あのときのことだと気がつきました。

9月に入りますと、息子の病気も一段と厳しい状態になりました。少しでもベットに触れると、「振動で体が痛い」と嘆きます。とにかく身体の痛みがひどくて眠ることもできないのです。タイマーを付けて点滴の中へ太い注射器で麻酔を流し込んでいるのですが、それでも効かないのです。だんだんと麻酔薬の量も多くなりました。

10月19日、私はいつものように病院へ向かいました。娘が、「昨夜はお兄ちゃんとランボーの映画を最後まで観て寝たのよ」と言いました。

「大丈夫だった？」

「ウーン、楽しそうだった。でも、今朝少し前からまた歯茎から血が出ているよ」映画を観ている間だけでも痛みを忘れ、睡眠薬や痛み止めの催促もせずに眠りにつけたのが内心うれしかったです。

息子は朝方とても元気そうでしたが、午後になりますと、「今日は何だか変だよ。とても」と言い始めました。午後になっても血は止まりません。あまりに息苦しそうでしたので酸素マスクをつけさせようとしますと、「絶対嫌だからしない」と拒絶します。しまいに、「やめてくれっ」と叫んで嫌がりました。麻酔薬でもうろうとしておりましたから、尋常な状態ではありません。半狂乱のような状態であまりに嫌がるものだから、やめてもらいました。ガラスのストローのようなものは拒絶しませんでしたので、後ほどそれを鼻に差し込んで酸素を送りました。

## 「お母さん、ありがとう」

土曜日でしたので、主人も勤めが終わった夕方面会に来ました。この頃主人は、浜岡原子力館に警備員として勤めていました。失業保険の切れる頃から何回となく、浜岡原子力館に勤めないかと声をかけられました。中部電力としては私が労災、労災と言うものですから、その懐柔の意味もあったのだと思います。

歯茎からの出血も普段ならば止まる頃なのですが、今日に限って止まりません。血圧も下がり始めました。

9時の検温に来たインターンの先生が、「お母さん、血圧が下がってきたので危ない。注意してください。今夜は大丈夫でしょうが、この2、3日がヤマになりそうです」と言います。

主人が、

「伸之、しっかりしろ。父さんだぞ。頑張れ」

そんなことを何回も何回も言って手を握り体を揺り動かしました。

以前主人が帰りがけに、「伸、しっかり頑張れよ。また来るからな」と言うと、「頑張れったって、これ以上どう頑張るんだ」と、涙を流してドアの向こうの主人に答えていたのを思い出しました。

「お父さん、もう呼ぶのはやめましょう。静かにしておいてあげようよ。伸之、頑張ったね。我慢強かったね。お父さんもお母さんもここにいるからね」

それ以上は何も言えません。拭いても拭いても歯茎から血があふれ、その血を拭いたティッシュペーパーやタオルのゴミ袋がいくつもできました。

亡くなる数時間前に息子は私の手を、ぎゅっと強く握りました。無口で、私にさえ甘えたところを見せなかった息子がぎゅっと手を握りしめてきたのです。握り返してやればよかったと思うのですが、ベットの手すりにさわっても、「痛い。頭に響く」と振動さえも嫌っていた息子です。どうしてよいものやら、あのときはもう麻酔で痛さはなかったのかもしれません。近づいた私の顔の紙のマスクを手で押してずらしました。雑菌を避けるためのマスクですから私はマスクを直して顔を近づけます。するとまたマスクをずらします。そんなことを何回か繰り返しました。私の顔全体が見たかったのでしょうか。

「お母さんありがとう」

私とあの子だけの言葉だったのだろうと今は解釈しています。

明け方の4時55分、長い闘病生活が終わりました。

最後まで、自家移植ができると信じて逝ったあの子は幸せだったと思います。絶望的になり自暴自棄に逝ったなら私も悔いが残ります。当日の最後まで希望を失わず逝ったものと思います。と同時に、ひょっとしてそれはあの子の演技であり配慮であったのかとも思います。なにしろその病棟で元気になって退院していく人はめったにいなかったのですから。

## 会社の対応

息子の死亡直後から協立プラントの社長がやって来て、涙ながらに弔慰金の話をしました。「お宅の件ではできる限りの誠意を見せたい。中部プラントから2000万円入りますから、それに会社で掛けていた保険、1000万円を加算して支払いたい」

息子が亡くなってすぐのことです。そんなことを考える余裕もありません。「そうですか、そうですか」と答えるだけでした。

私は息子の死に、原発が関係あるのではないかと思っておりました。原発といえばチェルノブイリのことを思い出しますよね。息子も原発に勤めていたのだから原発に原因があるのではないのか、それならばまず謝罪があってしかるべきだと思いました。

「なぜ弔慰金が3000万円なんですか」と尋ねました。すると、「労災にかけると時間や年数がかかり、細かい調べを双方とも受けて大変ですので、それに見合った金額にプラスアルファの額を差し上げたい」と言いました。伸之君の給料がいくらでそれに対する遺族年金の額はこう、もっと出してあげたいが会社も大変で、と社長は言いました。

念のため、中部プラントの人に尋ねると、「とんでもない。うちは仕事をお願いしているが雇用関係はありません。私たちは一切関係ありません。お金の援助も助言も一切しておりません。お気の毒ですから協立さんにはできるだけのことをしてあげてくださいとは言っていますが」という返事です。

裏で協立に指示をしていたのかもしれませんが、中部電力も中部プラントも決して表には出ませんでした。協立の社長さんに中部プラントの人の話をしますと、それ以来来なくなりました。その後は社長代理の人が毎週のように来て、「普通の人の50倍まで放射能を浴びても大丈夫だが、お宅の息子さんは少ししか浴びていない。だからそれで病気になったとは考えられません。しかし、みなし認定ということで、大きな会社ですから弔慰金として会社があげるというのですからもらってください。労災は時間がかかりお互いが嫌なことまで調べられたり、その挙げ句認められたり認められなかったりするんですよ。お宅の息子さんは断然低い被ばく量で、普通の人と少ししか違いませんよ」と言いました。そして、「どうしても契約書に判を押してほしい」と、何度となくねばりました。

息子を亡くして2、3週間後、主人と2人で労働基準監督署を訪れました。私たちは息子の話をし、労災のことを尋ねました。監督署では、息子がいつ頃はどんな病状であったとか、どんな処置をしていたかなどすべて知っていました。会社から逐一報告が入っていたのでしょう。驚くと同時に、企業と役所のつながりのようなものを感じずにはおれません。丁重に労災のことなど説明してくれましたが、私には言外に労災が認定されても同じ金額ですよ、労災申請は無意味ですよ、という示唆に聞こえました。

四十九日の頃だったと思います。「お線香を」と、協立本社の役員が大勢来ました。「弔慰金を12月、3月、6月の3回に分けて支払いたい。これが最終提案です」と言いました。強い圧力を感じました。

労基署の署長さんも間違いありませんと言うのですから、その年の暮れ、契約書にサインしました。息子が死んでわずか2カ月あまりのことです。悲しい、悔しいと思う時間もなにもありません。ひどい話です。

弔慰金の覚書には金額と支払方法のほか、次のことが書かれていました。

一、私たち夫妻が労働者災害補償保険法に定める遺族補償給付を受けることになった場合には遺族補償給付に相当する額を返還すること。

一、この覚え書きをもって問題がすべて解決したことを確認し、息子の死亡について第三者に対しても名目の如何を問わず異議を述べず、一切の請求をしないこと。

つまり、労災の申請をして認められたらその分のお金を返還すること。3000万円あげるから悲しいことも悔しいことも不可解なことも、このお金で忘れなさいということです。

この弔慰金の件につきまして、労災認定前の5月頃、労基署に呼び出されました。私と主人と別々の部屋に通され、子どもの頃から今日に至るまでの健康状態などを尋ねられました。病状や仕事の内容などが膨大なファイルに収められていました。最後に、「この3000万円は労災の代わりとして受け取ったものですか」と尋ねられました。

私は、「労災の代わりとなんか思っていません。大切な息子を失ったあげく、返してくれと言っていた放射線管理手帳は半年後にやっと返してくれました。こんなことをされて納得しているわけがありません。慰謝料としていただきました。労災は労災としていただきます」と言いました。主人も同じように答えたと言っていました。

お彼岸になりまして、お線香をあげに会社の人が2、3人やって来ました。示談書を取り交わした後だからでしょうか、「伸之君の物です」と、机の中に入っていた物を返してくれました。古い給料袋や名刺、ヘアーブラシ、小銭を集めたタバコの空き缶など。その中に作業ノートや放射線管理手帳などが入っていました。

作業ノートには、作業手順を示す記述や日付、いろいろな機械の図や数字が書かれていますが、私たちが見ても何のことやらさっぱりわかりません。放射線管理手帳もギッシリと数字で埋まっていますが、その数字の持つ意味がわかりません。しかも、不思議なことに一度記入された数字が二重線で消され、新しい数字が書き込まれています。そしてその上に赤い訂正印がいっぱい押してあるのです。その7カ所の訂正は、本人が死亡した翌日付になっているのには驚きました。死後に訂正されたということに不審を覚えるとともに、「放射線管理手帳を早く返してほしい」と催促していたにもかかわらず、「中部プラントが持っている」「中部電力が返してくれない」「現在訂正中である」などと半年もあれこれ理由をつけて待たせた会社の不誠実さに、腹わたの煮えくり返る思いで受け取りました。息子の死因に原発が関係しているのではないだろうか。それを隠すための訂正ではないのか。真っ赤な訂正印だらけの手帳を見ていますとそんな疑念がわいてきました。

## 労災申請

以前、平井憲夫さん（故人）の「原発被曝労働者救済センター」をテレビのニュースで知り相談しましたが、「数字の訂正は誤記、計算ミスなど。訂正前の数字であっても放射線はたいして浴びていないですね」と言われ、その言葉に気が抜けてしまいました。

92年7月、平井さんが慶応大学で「原発建設現場の実態」という題で講演するというので行きました。慶応大学の藤田祐幸先生（故人）の司会で、平井さんは現場監督の目から見た原発の危険性について話しました。平井さんの部下が定期検査で大量被ばくし、放射線障害が出ていると書かれた診断書を持って労働基準監督署に行ってもまったく取り合わない。原発と言っただけで書類を見もしないで、「受けつけられません」と言ったそうです。国や電力会社が被ばく事故はないと言っている。だから事故はあるはずがない、と。それ以来「原発被曝労働者救済センター」をつくり活動しているということでした。

講演会終了後、私は持参した息子の作業ノートを皆様に見ていただきました。原発と息子の死に結びつく何かを作業ノートから読み取ってほしい。が、どなたからも何の反応もありません。後で藤田先生は、「大変なものを読んでしまった。あのときは声も出なかった」とおっしゃいましたが、当日は、正直言って落胆して帰ってきました。

翌年3月、藤田先生に訂正だらけの放射線管理手帳を専門的な目で見てもらおう。そう思い直し、再び慶応大学の教室に先生をお訪ねしました。

先生は放射線管理手帳をめくりながら数字を追っていましたが、「大変なことです。たくさん被ばくしています。数値外にも体内被ばくといって口や鼻、皮膚から放射能を体内に取り込むこともある。これはただごとでは済まされない。公開して社会問題化しなければならない」とおっしゃいました。

ああ、やっと息子の死因と勤務先である原発との因果関係を認めてくれる人に巡り逢えた！　積年の疑惑が、もやもやとしていた霧のようなものが一挙に晴れていくような気持ちでうれしくなりました。と同時に、原発のことを何も知らずに送り出してしまった後悔の念がわき起こりました。

先生はその場で、知り合いの海渡雄一弁護士に電話しました。

「マスコミに訴えて正々堂々とやろう。今までも被ばく労働の労災を出そうという話はいくらでもありました。しかし、できませんでした。それは国の政策もありますが、企業がお金を積み上げてもみ消そうとしたり、脅迫したり、アメとムチを使い分けて妨害してきたからなのです。ですから覚悟がいります。だからこそ、マスコミに出して公にしてしまったほうがよいのです」

労災を申請して中部電力の責任を公に問おう。93年5月6日、磐田労働基準監督署に労災申請を行いました。海渡弁護士が次のように説明を行いました。

電離放射線障害防止規則では、電離放射線に被ばくする業務に従事し、または従事していた労働者が、「電離放射線に起因して発生すると考えられる疾病」中に白血病が定められており、本件は、労働基準法施行規則の次の要件のいずれにも該当する。

①相当量の電離放射線に被ばくした事実があること。

②被ばく開始後少なくとも1年を超える期間を経た後に発生した疾病であること。
③骨髄性白血病またはリンパ性白血病であること。
①の相当量とは、「業務により被ばくした線量の集積線量が次式で算出される数以上の線量をいう。「0・5レム（500ミリレム）×（電離放射線被ばくを受ける業務に従事した）年数」とされ、嶋橋伸之の被ばく線量は、5093ミリレム、放射線作業従事の期間は8年10カ月であるから、前述の通達解説にいう相当量、4416ミリレム（500ミリレム×8年10／12月）を上回っていることは明らかである。
②の、「被ばく開始後少なくとも1年を超える期間を経た後に発生した疾病であること」については、作業開始後約7年以上を経過してからの発症であることから、この要件を満たしていることは明らかである。
③の、「骨髄性白血病またはリンパ性白血病であること」については、死亡診断書上も、「慢性骨髄性白血病」であることは明らかであり、すべての要件を満たしている。
翌日の新聞に大きくとり上げられました。主人はあとでテレビを見て、「もう俺たちの望みは叶えられた。これからは国民の皆様の世論に任せるばかりだ」と感想を口にしました。これからが始まりというときに、と思われるかもしれませんが、やっと世間に発表できた喜びを最大限に表しているのです。「勝った。相手を打ちのめした。恨みを晴らしたぞ」ということなので

す。私ももう悲しみません。

「伸、よかったね。一緒に闘ったね。素敵な息子を持った幸せな親だった」

心からそう思いました。

## 10万人署名を開始

7月にはフォトジャーナリストの樋口健二さんがおいでになりました。ご本人が原発の中に実際に入って写真を撮ったことにも驚きましたが、本の中に収められた、原発で働いた何人もの証言に驚きました。岩佐訴訟の岩佐嘉寿幸さん（82頁参照）をはじめ、炭坑から離職して原発に入った人、日雇い労働者、出稼ぎ労働者、原発近隣の農漁村の人たちなど、健康を害しながらわずかな見舞金などで闇に葬られていった方々。息子も同じような現場で働いていたかと思うとその先が読めなくなりました。マスクとか装備の写真を見て、具体的な仕事の内容が少しずつわかり始めました。放射線管理区域に入るときエアーロックで外界と遮断されるが、その心理的圧力で大勢の人が気味悪がって辞めるというけれど、息子もそんなことを思っていたのだろうか。辞めたいと言ったとき、なぜもっと職場の話を聞いてあげなかったのか。悔しさやら自分の無知さに腹が立ちました。1年間だが一緒に暮らしていても職場の話はしない子でした。すべてが後の祭りですが、実情を知っていたら間違いなく息子を職場から遠ざけていたことでしょう。

夏頃だったと思います。

「嶋橋原発労災の早期認定を求めて10万人署名をやりましょう」とのお話がありました。私たち夫婦と藤田先生、弁護団が呼びかけ人となり、署名活動が始まりました。署名を始める段になりますと、そのお願いのために私も勉強しなければなりません。息子を亡くしてただ悲しい、悔しいでは困ります。息子のためと必死で頑張りました。講演を求められて全国各地に行きました。署名集めが労災認定への一つの契機になったのではないかと思います。

おかげさまで署名は全国各地から集まってきました。労働組合、市民運動団体、消費者団体、生協、原水禁、あるいは自民党支持だが原発はいらないという、それこそ党派、団体、個人の別を問わず署名をいただきました。なんと40万筆近く集まりました。

日本では原子力発電所に勤めて被害にあった人は一人もいない、というのが電力会社の決まり文句でした。「原子力は国が推進しているクリーンで安全なエネルギー」とテレビで四六時中宣伝していれば、一般の人がどうしてそれを疑いますでしょう。それに対して「違う。息子は原子力発電所で働いて白血病で死んだのだ」と言う私たちの訴えをどれだけ信じてくれるでしょう。理は私たちにあると思っても不安は消えませんでした。

労災申請から約1年後の94年7月26日朝、電話がありました。労働基準監督署からです。

「26日付でこちらから、労災の認定の結果をご報告いたしますので、書類を受け取ってください」

ついにこの日、労災が認められたのでした。

## 実名で労災申請した最初のケース

藤田 祐司

初めて嶋橋美智子さんのお話を聞いたのは、93年12月7日のことである。原発被ばく労働についてはある程度のことを知っていたつもりであったが、絶望的な白血病との闘いに言葉を失った。当時ミニコミを発行していたこともあり、その取材を兼ねて23日、浜岡の嶋橋宅を訪ねた。署名活動が始まったということでなんとかお力になりたいと、お話を小冊子にまとめた。ここから現在まで、原発という「現場」を持って今日に至っている。

嶋橋さんが労災申請をした当時、国は、「原発で死んだ人はいない」という安全神話を守るため、労災は認めてこなかった。労災申請をするにしろ労災の認定基準さえ明らかにしないばかりか、各労働基準監督署に上がった案件については必ずりん伺（上級機関に判断を求めること）させ、個別の判断を許さなかった。弁護団は、「労働基準法施行規則」と「電離放射線障害防止規則」の中からようやく認定基準を見つけ出す。つまり、5ミリシーベルト×被ばく労働年数、これを上回った被ばくをしていれば基準を満たすというもの。伸之さんの被ばく労働従事期間は8年10か月で、50・93ミリシーベルトであるからこの基準を満たす。また、「電離放射線に起因して発生すると考えられる疾病」の中に慢性骨髄性白血病が定められている。伸之さんはこれにも該当する。つまり、認められるべくして認められたわけである。

今まで原発被ばく労災が認められてこなかった理由の一つに、自分の被ばく線量がわからない、ということがあった。放射線管理手帳には日々の被ばく線量が記載され、本来なら本人が持っているはずのものであるが、伸之さんも持っていなかった。死後、美智子さんが何度も請求したのに帰ってきたのは半年後である。

現在は、放射線従事者中央登録センターに請求すれば自分の被ばく線量がわかる。当時は本人、家族、弁護士にも教えなかった。これも私たちの運動の成果の一つである。

基準となる被ばく線量についても計算式に単純に当てはめるだけでなく、労働実態を正確に把握して審査するよう求めてきたが、これも最近は考慮されているようである。また当時、病名は骨髄性白血病とリンパ性白血病の2種類のみであったが、2004年には長尾光明さん（118頁参照）が多発性骨髄腫で、2008年には喜友名正さん（138頁参照）が悪性リンパ腫でそれぞれ労災認定を勝ち取った。嶋橋原発被ばく労災を足がかりに、運動は着実に前進してきたことは間違いない。

労災申請後、早期認定のために署名活動を開始した。市民団体、労働組合、生協など、署名活動のため嶋橋美智子さんは各地、各団体から要請があれば参加者の多少にかかわらず足を運んだ。

講演で原発被ばく労働の存在と実態を明らかにするとともに、白血病の悲惨さ、過酷な闘病生活を訴え続けた。このことが多くの人の共感を呼び、認定を勝ち取る大きな力になった。

やはり多くの人に被ばく労働の実態を知ってもらい、世論を味方につける努力が必要である。その点、嶋橋原発被ばく労災は実名で労災申請した最初のケースでもあり、マスコミも積極的にとり上げた。原発で死んだ人はいない、という嘘をあばく嶋橋美智子さんの勇気ある行動に共感したからでもあろう。

低線量であっても無駄な被ばくは避けなければならない。まして福島の子どもに原発被ばく労働者でさえ浴びないような年間10ミリ、20ミリもの線量があるところに帰還させることなどもってのほかである。伸之さんでさえ年間10ミリシーベルト浴びた年などない。福島の収束作業で多くの人が被ばくし、労災認定を受けた人もいるというニュースにも心が痛む。一刻も早く原発のない世の中をつくらなければならない。

あらかぶさん裁判が新たな一歩となるよう、私も応援してゆく覚悟である。

# 現場労働者の「おかしい」という直感から闘いは始まった

## 長尾光明さん（多発性骨髄腫）／労災認定と損害賠償請求裁判の経緯

川本　浩之

### 労災請求から裁判提訴まで

#### 長尾さんの確信

長年配管工として働いてきた長尾光明さんは、１９８６年に「石川島プラント建設」を定年退職してから、ゆっくりと老後を送っていた。ところが、94年頃から首の痛みを感じるようになり、前歯が折れて、「第三頸椎圧迫骨折」を生じた。ぶつけてもいないのに骨が折れたりするのが、多発性骨髄腫の症状である。98年になってようやく、大学病院で精査の結果、白血病と類似の血液性のがんである「多発性骨髄腫」と診断された。

きちんと認識しておくべきことは、長尾さんが「多発性骨髄腫」と診断された98年当時、それが放射線被ばくが原因だと、医師も考えておらず、国＝厚生労働省も認めていなかったという事実である（ちなみに白血病はずっと前から労災の認定基準に例示されている）。だから長尾さんが、自ら労働基準監督署に相談に行ったときも、これは労災にならないと説明されたし、公害裁判の支援に取り組む地域の団体に相談に行ったときも、これは難しいと言われたようだ。保健所や区役所や労災病院にも相談したが、否定的な意見しか聞かされなかった。それでも長尾さんは、主治医に放射線管理手帳を預けて、原発内被ばく労働が原因ではないかと相談していた。あきらめることはなかった。

長尾さんが、15歳頃から45年にわたる長い職業生活の中で、原子力発電所で働いたのは、77年10月から82年1月の4年3カ月の間で、被ばく労働は約3年。77年10月から79年の12月まで、東京電力福島第一原発の原子炉格納容器周辺の原子炉建屋内で、配管の新設、改良、遮蔽工事の現場監督をした。80年2～4月までは、動燃ふげん発電所の定期検査工事で、集蒸気装置の架台の改良工事。81年1～6月までは、中部電力浜岡原発1号機と2号機の原子炉建屋内で、配管の改良工事。最後は81年9月から82年1月まで、東京電力福島第一原発2号機で定期検査工事に従事した。

彼が働いた炭鉱、造船所、石油化学コンビナートなどの現場も、決して安全で楽なものではなかった。長尾さんが後に裁判所に提出した陳述書から少し引用しよう。

現場の労働はきつく、辛いものでしたが、頑張ってこられたのは家族の生活を守るためです。現場が遠い時は家族と離れ、長い間一人で生活することも多かったのですが、帰った時に出迎えてくれる妻や子供たちの笑顔は格別なものでした。定年を迎え、家族と一緒にのんびりとした時間を過ごせると思いました。自分も穏やかな生活を送ることができるのだなあ。少しは楽をしてもバチは当たらないよなあと思っていました。

ちなみに長尾さんの労災を認めた労働基準監督署は、最終的な調査段階で、他の有害な化学物質にばく露したか、しなかったかを詳しく調べたし、実は長尾さんは後に肺がんで死亡したのであるが、結局それはアスベスト労災として認定された。それでも、原発の被ばく労働が原因で病気になったに違いないと、長尾さんは確信していた。とにかく当時の原発の現場はひどかったし、他の同僚たちも嫌がっていたことを話されていた。

私たちはともすると、医学や科学、あるいは法的にはどうなのかという基準で物事を判断しがちである。そうした専門知識が必要なことは事実ではあるが、実は現場労働者の直感、「おかしい」「ひどい」といったものに依拠して初めて事実に迫ることができることもある。少なくとも長尾さんの確信がなければ、闘いが始まることはなかった。石川島プラント建設の親会社であるＩＨＩが発行しているパンフレットでは、現場の放射線管理は徹底されており、安全だ、心配ないと断言している。それでもみんな嫌がったという。長尾さんは、なんで原発に行かされたのかと愚痴る当時の同僚や部下が夢にまで出てくるという。危険性もよくわかっていない「無知な労働者」というのは、インテリ（活動家も含む）の陥りがちな偏見である。

## 市民団体と労働団体の連携

２００２年10月に、関西の市民グループ「美浜・大飯・高浜原発に反対する大阪の会」（以下、美浜の会）が、東京電力が福島第一原発におけるプルトニウムなどのアルファ核種汚染を隠していたことを内部告発文書によって発表した。その報道記事を見た長尾さんは、ちょうど自分が働いていた時期であったことに驚くとともに、この人たちなら自分のことを理解してくれるのではないかと相談する。美浜の会の紹介で、岩佐訴訟（82頁参照）を支援する会の事務局でもあった関西労働者安全センターにも相談し、阪南中央病院の村田三郎医師の診察も経て、労災請求に至る。02年11月のことである。

しかし、労災認定基準に例示すらされていない、初めての労災請求は、そう簡単に認められるはずがない。そう考えた関西労働者安全センターの片岡明彦さんは、もっと詳しい当時の状況を知るためには、会社と交渉して内部資料を出させること、また労災認定も通常のように富岡労働基準監督署だけの調査で終わるはずがないので、おそらく本省＝東京での取り組みが必要になると考えた。福島第一原発を運転するのは言うまでもなく東京電力であり、長尾さんの直接雇用主の石川島プラント建設も東京の会社、労災保険が適用された元請けは東芝であった。長尾さんは、これらと交渉するために、１人でも入れる労働組合「よこはまシティユニオン」に加入し、団体交渉を要求した。

残念ながら石川島プラント建設は、「17年前に退職したから」という理由で、東芝や東電は「使用者ではないから」という理由で団交を拒否。03年12月には石川島プラント建設に抗議行動を行うなどもした。さらには団体交渉拒否の不当労働行為だとして、労働委員会申し立ても検討したが、長尾さんの病状は予断を許さないこともあり、訴訟を準備することにした。一方で、労災請求については、監督署の調査を経て、厚生労働省本省でも検討が行われた結果、04年1月、福島労働局富岡労働基準監督署は、長尾さんの多発性骨髄腫が福島での被ばく労働が原因だとして労災認定した。

闘病生活を続けてきた長尾さんにとっては長い年月であったが、労災認定基準にもないような疾病が、請求から1年程度で認められたというのは、正直言って早かったというのが、私たち関係者の率直な感想であった。

## 訴訟に踏み切るまで

長尾さんの労災認定を受けて、よこはまシティユニオンは、04年3月、東京電力に対して「原賠法に従って、長尾さんに賠償せよ。アルファ核種問題も含めて当時の職場の状況を明らかにせよ」と団体交渉を要求した。しかし、東電は「使用者としての立場になく、遺憾ながら貴意に添いかねます」とする回答を寄こしただけで、会おうともしなかった。ちなみに当時の社長は勝俣恒久氏である。

そのような相手に対しては、裁判をするしかない。原子力損害の賠償に関する法律（原賠法）では、東京電力が責任の有無にかかわらず、長尾さんの全損害を賠償する義務がある。このことは、一般の労災職業病の民事損害賠償請求裁判を闘ってきた神奈川労災職業病センターやよこはまシティユニオンにとっては、裁判の半分どころか8割以上の作業が省けるぐらいの印象がある。労災では、必ずと言っていいほど本人の過失が問われて、その割合を減じた上で、労災保険給付額を相殺される。職業病でいえば、会社は法規制を守っていた、本人の気質や基礎疾病によるものだなどと必ず主張されて、同じように減額される。多くの裁判では、最大の論点といってもよかろう。

長尾さんの自宅にお邪魔して、私は片岡さんと一緒に、労災認定の喜びとそうした楽観的な見通しを伝えつつ、損害賠償請求裁判の提訴を勧めた。ところが長尾さんは即座に「それは無理や」と断られた。自分も現場監督で安全責任もあるので、労災裁判に会社側証人として立ったことがあるという。それ以上詳しくは語られなかったが、いかに会社が黒でも白と言うのかを身をもって知っておられたようだ。しかも相手は電力会社である。「原発の所長といえば天皇陛下以上ですよ」とも話された。「勝てるはずがない」、それも、長尾さんの「確信」の一つだったと思う。

しかし、長尾さんは、最終的には裁判をすることを選択された。長尾さんの怒りは、何よりも東京電力に対するものだった。とりわけ東電が、アルファ核種汚染を隠してきたこと、内部告発がなければ永久に隠したであろうことについて、「猛烈な怒りを覚えた」と、裁判所でも語ることになる。

## 損害賠償請求裁判の経過

### ついに裁判提訴

２００４年10月７日、長尾さんは東京電力に対して４４３０万円余りの損害賠償を求めて、東京地裁に提訴した。提訴直前には、よこはまシティユニオン、関西労働者安全センター、原水爆禁止日本国民会議、原子力資料情報室が呼びかけ責任団体として、「東京電力を告発する長尾光明さんの原発裁判を支援する会」（以下、支援する会）を結成、決起集会を開いた。この長い名称も、決して賠償だけが問題ではなく、すでに述べた東京電力への長尾さんや支援者の怒りを示している。弁護団は、江戸川法律事務所の鈴木篤弁護団長を筆頭に、長尾さんの地元大阪からも１名、東京が６名の計７名。ちなみに集会参加者は45名だった。

04年11月26日、第１回口頭弁論が開かれた。同日付の答弁書で東電は、因果関係について争うと明言している。労災認定は疫学的な証明に基づいて認定しているが、不法行為に基づく損害賠償請求なので、疫学的証明だけでは足りず、病理的機序に沿って原告が証明するべきだとしている。アルファ核種については、さすがに事実関係は認めざるを得なかったものの、それによる被ばくはないと主張。また、被ばくが原因と長尾さんが知ったのは98年だから、時効によって権利が消滅しているとも主張している。

支援する会では、全国各地の脱原発市民団体に支援を呼びかけ、04年末までに、123個人・18団体から会費やカンパをいただいた。長尾さんは、支援する会ニュース第2号で、「原発で働く皆さんには、被ばくの影響は体内に潜伏することを前提に、労働者救済、災害補償の仕組みがあることを知ってもらい、生存中も苦しまない一生をと願う思いです。JCO臨界事故、美浜事故で亡くなられた人々のご冥福をお祈り申し上げます」と記している。

## 労災と認めたはずの国が東電を応援する立場で参加

裁判は、書面のやり取りがほとんどである。東電も原告側も上記のとおり、因果関係論を中心に、自らの主張とともにその根拠となる証拠を提出していく。そうした中で、第3回口頭弁論が05年4月22日に開かれ、同日付で国が訴訟に補助参加すると申し立て、文部科学省の役人たちと弁護士らがぞろぞろと被告席に座ることになった。

実は、原賠法と原子力損害補償契約に関する法律で、原子力損害の発生原因から10年以上経過後に請求されて賠償した場合、その損失については政府が補償するとされている。長尾さんが被ばくしたのは10年以上前なので、もしも東電が長尾さんに賠償することになれば国が東電に損失補償せねばならない。だから負けないように東電を応援するというのだ。

05年7月11日、支援する会は文部科学省に要請、交渉を行った。要請事項は、

1、国が裁判への補助参加の理由などを説明し、その決定過程を示す行政文書を資料提供すること。

2、労災認定の因果関係と原賠法の因果関係は同一と考えるかどうか明らかにすること。

3、補助参加ではなく解決に向けて東京電力を指導すること。

これに対して文科省は、「東電を勝訴させるために補助参加している」「東電の主張は否定しない」と述べた。厚生労働省の決定をふみにじる文科省の態度に、強く抗議した。

## 被ばく労働者に健康管理手帳を

労働安全衛生法に、健康管理手帳制度がある。有害物質を取り扱う労働者は、在職中は会社が実施することが義務づけられた健康診断を受ける。しかしアスベストなどのように、退職後にも、「がんその他の重度の健康障害を生ずるおそれのある業務で、政令で定めるものに従事していた者」（労働安全衛生法第67条）に対しては、退職時に申請すれば、国が健康管理手帳を発行して、無料で健康診断を受けることができるというしくみである。もちろん、国が定める要件を満たさなければ対象にならないのであるが、放射線被ばくについては、健康障害がないように現場の管理を徹底しているという、わかったような、わからないような理屈で、健康管理手

帳制度の対象になっていない。被害者が多数出ている疾病や作業に限定されているのが実情である。しかし多数出てからでは遅い。

国が東電を応援するなら、というわけではないが、労働組合としても裁判支援と併せて、05年5月26日、全造船石川島分会が中心となって、東京で「放射線作業離職者に健康管理手帳を！実現集会」を開催した。全造船本部が連合加盟していたこともあり、連合本部にも働きかけていくことを確認した。残念ながら今日に至るまで連合は何の動きも見せず、健康管理手帳制度の適用は実現していない。

## 長尾さんの原告尋問が開かれる

2005年12月に行われた裁判所の進行協議で、早めに原告の尋問を行うことが認められ、出張尋問が大阪地方裁判所で06年4月6日に開かれることになった。06年2月、東電は、長尾さんが発症してから7年間も生きていることなどを理由に多発性骨髄腫ではないと主張してきた。放射線治療を含む苦しい闘病生活を送る被災者を愚弄する暴論である。

06年4月6日の大阪地裁での長尾さんの尋問について、関西労働者安全センターの片岡さんは次のように記している。

尋問の日、自宅に迎えに行きました。抜群に天気が良く、唯一心配された長尾さんの体調維持には絶好のコンディションとなりました。あとは事故を起こさぬようハンドルに集中しました。本番では、長尾さんの飾らない口調や、被告代理人に対して一歩も引かない毅然とした態度に感銘を受けた人は少なくなかったのではないでしょうか。長尾さんは、東電代理人に対してだけではなく、国の代理人に対しては格別のものがあったようで、「相手が文科省だというなら教育勅語を暗唱してやろうと思っていたんだが」と言われていました。高齢に鞭打ちながら裁判の重大な意義を受け止め、労組、支援者と共に立ち上がってくれた長尾さんの確信に触れ、私たちの闘いは必ず報われるということを確信した一日でした。

私は私で「長尾さんは本当に堂々とした証言でした。東電や国の代理人に皮肉を言い返すほどの余裕に、傍聴席から笑い声が起こるほど。尋問を終えて、代理人や裁判官、そして傍聴席にお辞儀をした時には期せずして大きな拍手が巻き起こりました」と記している。

実は、私自身がこの裁判で、いちばん忘れられない発言を東電の代理人が行っている。尋問というのは、代理人が質問してそれに答えるというスタイルなのに、そうではなかったから余計に印象深かったのかもしれない。東電代理人は、長尾さんにこう言ったのだ。「原発で働いて多発性骨髄腫になったと言っているのは、あなただけなんですよ」と。

あきらめることなく、なんとか労災申請にこぎつけ、ようやく労災認定された被災者に対して、そういうことを平気で言えるのが大企業の代理人なのだ。こういう連中を絶対に許してはならないと思った。

## 「東電に頼まれて主治医の先生を否定する医師は東電以上に許せない」

東電が、長尾さんは多発性骨髄腫ではないという主張を始めてから、裁判はそれを中心に回り始めた。原告、被告双方に対して、きちんとした立証を裁判所は求めるからであるが、正直言って、提訴前にはそのような争点は予想していなかった。原告本人尋問から1年以上経った2007年8月に、弁護団は以下のように支援するニュースで報告している。

2004年1月に長尾さんは労災認定されました。それに先立ち厚生労働省は、「電離放射線障害の業務上外に関する検討会」を開き、原子力施設の作業者を対象とした疫学調査の結果、放射線被ばくと多発性骨髄腫との間には有意な線量反応関係が認められること、40～45歳以上の年齢における放射線被ばくが多発性骨髄腫の発生に大きく寄与していることなどを明らかにしています。ところが東電は、因果関係は認められないとの主張の他、長尾さんが多発性骨髄腫にり患しているという診断は誤診であり病名違いであるとの主張までしてきました。つまり東電は、厚労省が慎重に審議した労災認定の結果を真っ向から全面否定していることになります。診断の点については、多発性骨髄腫の権威であるとされる国立大学医学部教授が、既に3回にわたり意見書を提出し、長尾さんの病気が多発性骨髄腫であることを否定しようとしています。意見書で述べられている最も大きな争点は、長尾さんの骨髄に、形質細胞が10％以上見つからないから診断基準を満たさないというものです。しかし最新の診断基準では、臓器障害など他の基準を満たせば多発性骨髄腫と診断できることになっています。ところが意見書は、新・旧の基準の都合のよい部分だけを持ち出して、何とか長尾さんを違う病気にしようと躍起になっています。

2007年12月7日、ようやく裁判は結審となった。その直後の12月13日、長尾さんは亡くなられた（享年82歳）。亡くなる少し前までしっかりとした口調で、「東電は許せないが、それ以上に許せないのは東電に頼まれて多発性骨髄腫を否定する医師だ。主治医の先生が、こんなにきちんと治療してきてくださっているのに、診察もしないでいい加減なことを言わないでもらいたい」と語っていたという。「親父は判決を本当に楽しみにしていたのです。聞かせてやりたかった」と、息子さんは話す。ご遺族が裁判を承継された。

私も長尾さんが亡くなられる直前に、裁判の報告もしながら、長尾さんとお話しすることができた。そのときも、いつものように落ち着いた口調で、「一生懸命治療してくれている主治医の先生の診断を否定するにせよ、何にせよ、どういう判決が出るのか、楽しみですわ」と話していた。裁判所はもとより、国や会社をあてにすることなく、自らの技術と力で生きてきた労働者の達観した口ぶりであった。

## 請求棄却と控訴審

２００8年5月23日、東京地裁は、長尾さんは多発性骨髄腫ではない、多発性骨髄腫と放射線との因果関係も認められない、との判決を言い渡した。とうてい納得できるものではないとして控訴。舞台は東京高裁に移った。

08年10月30日、控訴審の第1回口頭弁論が開かれた。通常、高等裁判所が一審を見直すつもりがないのであれば、すぐに結審となり、判決日を指定されることが多い（もちろん極めて稀ではあるが、結審して、逆転判決を言い渡すこともある）。高裁の裁判官は、多発性骨髄腫かどうかということにばかり時間を費やしてきた一審の審理に疑問を呈した。典型的な症例ではないにせよ、長尾さんが病気で治療を受けてきたのは事実であり、臨床というのは試行錯誤もあるものではないかと。むしろ争点は、放射線被ばくとの因果関係ではないかという考え方を示した。弁護団の金沢裕幸弁護士も、「放射線被ばくの実態に目を向けさせるため頑張っていきたい」との決意を、08年12月8日付の支援する会のニュースに寄せられている。

第2回口頭弁論が08年12月25日に開かれた。弁護団は東電の反論や裁判官の発言もふまえて、因果関係の立証に全力を傾けた。同日に結審し、判決日はいったん3月に指定されたが、09年4月28日に延期された。

裁判官の発言どおり、控訴審の判決では、長尾さんが多発性骨髄腫であるとの判断であったが、やはり放射線との因果関係は認められないという不当なものであった。原告と弁護団は最高裁判所に上告した。

## 最高裁へ向けて

控訴審の不当判決を経て、２００９年9月に鈴木弁護団長と氏家義博弁護士は「長尾訴訟の経緯と展望」として、要旨、以下のとおり述べている。少し長くなるが紹介しよう。

一審において、長尾さんの病名が何かという点が最大の争点となった。主治医の診断に基づいて治療を受け症状の改善も認められていたので、病名自体が争われることは弁護団の予想外のことであった。東電がこのような主張を持ち出すことの背景は清水一之医師の存在がある。清水医師は学会においても重鎮といえる地位を占め、診断基準の策定にも関わってきた。彼は、合計で4通もの意見書を提出することになった。これは極めて稀なことである。清水医師自身が作成した診断基準と矛盾する内容まで含んでおり、挙句の果てに海外の権威的医師にメールを送って都合のよい回答を引き出し証拠として提出されることもあった。弁護団はただちに回答を行った医師に照会を行ったところ、「自分は長尾氏の裁判に関与するものではない」との回答が即座に返ってきた。それでも東京地裁は、長尾さんは多発性骨髄腫ではないとした。

控訴審でも東電は、長尾さんが多発性骨髄腫であることを否定する強引な主張を続けた。幸いなことに控訴審では、長尾さんは多発性骨髄腫であることが肯定された。

もう一つの争点である因果関係の問題は弁護団を苦しめることになった。裁判所が因果関係を認めるには、原因と結果に「高度の蓋然性」がなければならない。一般にこれを数字で表すと80％程度になると言われる。ところで放射線の被ばくと多発性骨髄腫の各種調査によると、その原因確率は60％程度とされている。この点を形式的にとらえると、60％では因果関係が認められないとの判決になる。しかし多発性骨髄腫以外の疾病についても、放射線被ばくとの間で80％の原因確率を超えるような疾病は存在しない。言い換えれば原賠法は存在するものの、急性被ばくを別にすれば、放射線によってもたらされる疾病などは存在せず、同法の適用場面はないという結論になってしまうのである。これでは原賠法の存在意義が疑問視されることになってしまう。

ここで押さえておきたいのは、科学者の立場は党派的な立場に左右され、東電や国はトップレベルを巻き込めるということ。そして東電や国のような強大な権力を持った相手との裁判においては、残念ながら公正や理屈だけでは勝てないということである。

広島・長崎の原爆症認定訴訟においては、高度の蓋然性という基準を要求しつつも、原因確率50％に及ばない件についても救済しているのである。その背景には、被ばくと疾病の因果関係は、科学的にわかっていないという事実があり、その限界による不利益を原爆の被害者に対して一方的に負わせるのは不当であるという価値判断である。このような判断を長尾訴訟に当てはめれば、当然因果関係は認められることになろう。しかし、裁判所が素直にこの理屈を肯定するとは思えない。法定外における運動の盛り上がりや世論の喚起が是非とも必要なところである。

2010年2月23日、最高裁判所は上告棄却の判決を出した。一方で厚生労働省は、10年5月7日、悪性リンパ腫と多発性骨髄腫を、職業病が列挙されている労働基準法施行規則第35条の別表1の2に加える通達を出した。長尾さんの闘いは、ようやく「終わった」。

## 仕事が原因で生命や健康を奪われることのない社会に

### 日常的な取り組みの必要性について

2010年7月に、東京で開催された「脱原発下町ネットワーク総会」で、鈴木弁護団長が、「被ばく裁判をめぐり考えることなど」と題した特別報告をしている。鈴木弁護士は、2つの課題が果たせなかったとしている。一つは言うまでもなく最高裁が多発性骨髄腫と被ばく労働の因果関係を認めなかったこと。そして、もう一つは「原発っていうのは人をがんにして殺すということを広く知らせることができなかった」と。一部になるが、要旨を引用する。

労災認定の例示の中に多発性骨髄腫が入りました。これは運動の成果です。ほぼ同時に最高裁は認めなかった、これは一体何なのか。実は高裁の判決の前には、東京新聞がかなり紙面を割いて（2ページ）長尾裁判を紹介しました。他方で労災認定の例示のことはどの程度取り上げたでしょうか。マスコミはほとんど取り上げていないですよ。もしも裁判の判決で因果関係を認めたとなると、大きな記事になったでしょう。その意味は、非常に大きいものです。逆にそれに対する鋭い警戒心が背景にあると思うのです。

弁護士を40年やってきて、今更ながら思うのですが、司法の中に公平とか公正とかを求めたって、それはないものねだりだと、改めてこの裁判を通じて痛感しました。公平とか公正とか、格差社会あるいは階級社会、そういう社会にあっては基本的にあり得ない。今の司法は、そういう意味では向こうの立場に立っています。

理論的な整合性だけでは、今の階級的な立場に鮮明に立っている、とくにそういうことが問われる裁判では勝ちきれないのです。そこではもう一つ必要なものがあります。それはやはりどれだけ多くの人が注目し、注視し、おろそかな判決を書いたら許さないぞという構えをもっているのか、そのことを裁判所に知らしめるかにかかっていると感じています。裁判になったときではなくて、日常的に事実を広めてゆくことが重要です。それがあって初めて、裁判になった時にもっと大きな支援の動きが出てくるという感じがしています。

## 支援してくださった方々へ

２０１０年８月、支援する会の事務局として、私は、「長尾労災裁判を終えて」と題する報告を、支援してくださった団体と個人の皆さんにお送りした。要旨は以下のとおりである。

まず、とにかく長尾さんに申し訳ない。前にも触れたが、長尾さんは、当初訴訟は「無理や、やめとく」と言っていた。私たちが、無理をお願いして裁判を起こしたといっても過言ではない。支援する会を立ち上げて、ニュースをお送りしたところ、早速カンパまでくださったのだ。「判決が本当に楽しみですわ」と話されていた笑顔は忘れられない。

弁護団の皆さんは本当に緻密な作業を継続し続けた。そして医学的、科学的な部分については、原子力資料情報室の渡辺美紀子さんや高木学校の崎山比早子さんが、関連する外国語文献の情報収集や翻訳などで大活躍。そして支援する会ニュースの作成は、全造船石川島分会の内山俊一さんの協力なしには出し続けることはできなかった。

成果としては何と言っても、多発性骨髄腫が労働基準法施行規則で職業病として例示されたこと。長尾さんの目標は労災認定であり、かつての彼のように労働基準監督署に相談に行って追い返されることはないはずである。最大の成果は、各地で原発を止める運動に取り組む皆さんに知り合えたことである。労働運動の社会的影響力が限りなく小さくなっていく中で、まともな労働組合をめざすよこはまシティユニオンにとって、東電であろうが国に対してであろうが、あくまでも闘う姿勢を示すことができた。これからも連携して取り組める局面はあるかと思う。仕事が原因で生命や健康を奪われることのない社会を目指して、そして脱原発社会を実現するために、共に頑張ろう。

まさか、その後1年も経たない2011年3月、ほかでもない福島第一原発で事故が起き、4月には東京電力に抗議行動に赴き、要求書を提出し続けたり（2018年4月現在、48回を数える）、長尾さんのことも含めて、駅頭でビラをまき続けることになるとは、もちろん考えもしなかった。「被ばく労働に注目しよう、原発を止めよう！」毎月11日には関内駅や横浜駅で20名ほどの仲間とビラをまく。長尾さんの裁判のときは、せいぜい10名足らずだったなあ、長尾さんは天国でどう思っているかなあ……と、ときどき思う。

# 放射能漏れ検査の仕事は、下請労働者に大量被ばくを強いた

## 喜友名正さん（悪性リンパ腫）／労災認定までの経緯

渡辺　美紀子

「沖縄から全国各地の原発の定期検査の現場で働き、悪性リンパ腫で亡くなった労働者の労災を申請したが認められなかった」と、沖縄の金高望弁護士から電話があった。すぐに関連資料を送ってもらった。沖縄から日本全国の加圧水型原発（ＰＷＲ）の定期検査の現場に出向き、短期間に相当量の被ばくをしている。衝撃を受け、すぐに「平均値からは視えない被曝労働の実態―６年４ヵ月間に99・７６mSv被曝し、悪性リンパ腫で死亡したＫさんの労働」（『原子力資料情報室通信』３９０号、２００６年12月１日発行）にまとめた。

これだけの被ばくをして白血病類縁の血液のがんである「悪性リンパ腫」を発症したのだから、労働基準監督署はすぐに厚生労働省に「りん伺」（上級機関への伺い）し、労災認定すべきなのに、独断で「不支給決定」をしてしまったのだ。この不当な決定を覆し、労災認定を勝ち取るまでに３年もかかった。

## きびしい被ばく実態と健康が損なわれた過程

喜友名《きゆな》正さんは沖縄で大手電気メーカーの技術社員として25年間勤めたが、早期退職制度により退職後、1997年8月に大阪の非破壊検査を行う会社の孫請企業に入社した。待遇は日給制の月払いで、収入を確保するため、同年9月に初めて北海道電力泊原発に入って以来、体調不良で働けなくなった2004年1月までの6年4カ月間、全国の加圧水型原発（泊、伊方、高浜、大飯、美浜、敦賀2、玄海）と六ヶ所再処理施設の定期検査現場で非破壊検査による放射能漏れの検査に従事した。

非破壊検査は、機器や配管の内部の状態をエックス線の透過写真により判断する放射線透過検査をはじめ、超音波による探傷検査や減肉・腐食の程度を把握する肉厚測定、磁粉・浸透探傷検査、目視などによる検査など、工業部門では広く利用されている。放射線機器を使うため職業被ばくの分野では、被ばく量の最も高い職種である。原子力施設では、さらに作業現場の放射能汚染による被ばくが加わる。

喜友名さんが所属した会社の親会社から提出された被ばく管理台帳のデータに基づいて被ばく労働の実態を整理し、表にまとめた（表1）。6年4カ月間で99・76ミリシーベルトの被ばく、喜友名さんが働いた原発での同年度の平均年間被ばく線量を示し、比較すると喜友名さんの被ばく線量がいかに突出していたかがわかる。表で★印をつけた期間はとくに、短期間に高

| 期　間 | 現場名 | 測定器 | 実効線量 | 同原発の年間平均被ばく線量 |
|---|---|---|---|---|
| 8月24日〜29日（5日間） | 高浜原発 | FB | 2.2mSv | |
| 9月14日〜16日（3日間） | 玄海原発 | FB | 1.3mSv | |
| ★9月18日〜20日（3日間） | 大飯原発 | FB | 3.1mSv | 社員0.4mSv、下請け1.5mSv |
| 10月4日〜11月26日（54日間） | 伊方原発 | FB | 2.7mSv | 社員0.4mSv、下請け1.5mSv |
| 1月15日〜19日（5日間） | 泊原発 | FB | 2.3mSv | 社員0.2mSv、下請け0.8mSv |
| 1月24日〜27日（4日間） | 美浜原発 | FB | 0.5mSv | |
| 1月29日〜2月12日（15日間） | 大飯原発 | FB | 0.8mSv | |
| 3月14日〜31日（18日間） | 大飯原発 | FB | 2.0mSv | |
| **2002年度（集積被ばく線量18.28mSv）** | | | | |
| 4月1日〜4日（4日間） | 大飯原発 | GB | 0.0mSv | |
| 4月30日〜5月9日（10日間） | 高浜原発 | GB | 0.4mSv | |
| 6月8日〜24日（17日間） | 敦賀原発2 | EPD | 4.48mSv | 社員0.4mSv、下請け0.6mSv |
| 6月26日〜7月6日 | 大飯原発 | GB | 0.0mSv | |
| 9月16日〜29日（14日間） | 美浜原発 | GB | 2.5mSv | |
| 10月2日〜29日（28日間） | 美浜原発 | GB | 6.4mSv | 社員0.2mSv、下請け1.4mSv |
| 12月10日〜26日（17日間） | 泊原発 | GB | 1.9mSv | 社員0.1mSv、下請け0.5mSv |
| ★1月6日〜9日（4日間） | 大飯原発 | GB | 2.6mSv | 社員0.4mSv、下請け1.4mSv |
| **2003年度（集積被ばく線量15.95mSv）** | | | | |
| 4月7日〜17日（11日間） | 六ヶ所再処理 | GB | 0.0mSv | |
| 4月27日〜30日（4日間） | 泊原発 | GB | 0.0mSv | |
| 5月1日〜28日（28日間） | 泊原発 | GB | 1.8mSv | 社員0.2mSv、下請け0.8mSv |
| 6月3日〜6日（4日間） | 高浜原発 | GB | 1.0mSv | |
| 6月13日〜16日（4日間） | 大飯原発 | GB | 1.0mSv | 社員0.5mSv、下請け1.6mSv |
| 6月19日〜7月29日（41日間） | 六ヶ所再処理 | GB | 1.1mSv | |
| 9月2日〜29日（28日間） | 敦賀原発2 | EPD | 5.28mSv | 社員0.5mSv、下請け0.9mSv |
| 10月1日〜2日（2日間） | 敦賀原発2 | EPD | 0.27mSv | |
| 10月20日〜29日（10日間） | 伊方原発 | GB | 1.5mSv | |
| 12月18日〜22日（5日間） | 高浜原発 | GB | 2.0mSv | 社員0.3mSv、下請け1.4mSv |
| 1月14日〜20日（7日間） | 高浜原発 | GB | 2.0mSv | |

・この表は喜友名さんが勤務した会社の親会社から提出された被曝管理台帳のデータにもとづいて、喜友名さんの被ばく労働の実態を整理した。
・作業内容は秋田火力での放射線撮影作業を除き、すべて原子力定検作業。
・FB（フィルムバッジ）、GB（ガラスバッジ）、EPD（個人用電子計測器）

## 表1　喜友名正さんの被ばく

| 期　間 | 現場名 | 測定器 | 実効線量 | 同原発の年間平均被ばく線量 |
|---|---|---|---|---|
| **1997年度（集積被ばく線量6.3mSv）** | | | | |
| 9月2日～22日（21日間） | 泊原発 | FB | 0.6mSv | 社員0.2mSv、下請け0.5mSv |
| ★10月21日～25日（5日間） | 伊方原発 | FB | 4.2mSv | 社員0.2mSv、下請け1.1mSv |
| 1月19日～2月9日（21日間） | 高浜原発 | FB | 1.5mSv | 社員0.3mSv、下請け0.8mSv |
| **1998年度（集積被ばく線量13.0mSv）** | | | | |
| 5月18日～20日（3日間） | 大飯原発 | FB | 0.3mSv | |
| 6月8日～12日（5日間） | 大飯原発 | FB | 0.0mSv | |
| 9月11日～10月8日（28日間） | 敦賀原発2 | FB | 3.7mSv | 社員0.6mSv、下請け1.6mSv |
| 10月19日～12月8日（49日間） | 大飯原発 | FB | 0.0mSv | |
| 12月10日～23日（14日間） | 高浜原発 | FB | 2.3mSv | 社員0.3mSv、下請け1.1mSv |
| 1月9日～3月10日（28日間） | 伊方原発 | FB | 6.7mSv | 社員0.2mSv、下請け0.7mSv |
| 3月15日～31日（17日間） | 大飯原発 | FB | 0.0mSv | |
| **1999年度（集積被ばく線量11.1mSv）** | | | | |
| 4月1日～9日（9日間） | 大飯原発 | FB | 0.0mSv | |
| 4月19日～5月12日（24日間） | 美浜原発 | FB | 1.4mSv | 社員0.4mSv、下請け1.1mSv |
| ★5月26日～29日（4日間） | 高浜原発 | FB | 3.7mSv | 社員0.2mSv、下請け1.0mSv |
| 6月19日～9月9日（38日間） | 大飯原発 | FB | 3.7mSv | 社員0.4mSv、下請け1.3mSv |
| 11月13日～29日（17日間） | 伊方原発 | FB | 0.6mSv | |
| 2月26日～3月14日（28日間） | 玄海原発 | FB | 1.7mSv | 社員0.2mSv、下請け1.0mSv |
| 3月17日～19日（3日間） | 伊方原発 | FB | 0.0mSv | |
| **2000年度（集積被ばく線量17.33mSv）** | | | | |
| 5月5日～30日（26日間） | 泊原発 | FB | 2.9mSv | |
| 6月2日～5日（4日間） | 泊原発 | FB | 0.0mSv | |
| 6月13日～7月3日（21日間） | 大飯原発 | FB | 1.6mSv | |
| 8月30日～9月12日（14日間） | 美浜原発 | FB | 3.8mSv | 社員0.4mSv、下請け1.4mSv |
| 9月16日～10月13日（28日間） | 泊原発 | FB | 4.6mSv | 社員0.2mSv、下請け0.6mSv |
| 11月11日～12月27日（47日間） | 大飯原発 | FB | 1.7mSv | 社員0.4mSv、下請け1.3mSv |
| 1月4日～8日（5日間） | 大飯原発 | FB | 1.2mSv | |
| 1月22日～31日（10日間） | 秋田火力 | FB | 0.9mSv | |
| 3月19日～29日（11日間） | 敦賀原発2 | FB | 0.63mSv | |
| **2001年度（集積被ばく線量17.8mSv）** | | | | |
| 5月17日～6月5日（20日間） | 玄海原発 | FB | 0.4mSv | |
| 6月28日～7月14日（17日間） | 高浜原発 | FB | 2.5mSv | 社員0.2mSv、下請け1.7mSv |

い線量を浴びている。

妻の喜友名末子さんによると、正さんは健康で働くことが大好きで、病気で仕事を休むことなどほとんどなかったそうだ。中学時代からバスケットで体をきたえ、釣りや海にもぐり漁をするなどスポーツ好きで活動的だった正さんが、１９９７年に原発で働くようになってから急に疲れを訴えるようになった。スポーツをする気力もなくなり、おどろくほど手足が冷えるようになり、食欲も日に日に落ちてきた。01年頃からひんぱんに鼻血が出るようになったが、病気とは思わず働き続け、04年1月には体調不良となり、２月に退職を余儀なくされた。

退職後突然、顔の右半分が大きく腫れ上がり、沖縄県立病院に入院、鼻に腫瘍が見つかり、緊急手術を受けた。同年５月、琉球大学医学部付属病院に転院し、血液のがんの一種である悪性リンパ腫（鼻型ＮＫ／Ｔリンパ腫）と診断され、壮絶な闘病の末、05年3月亡くなった。

## 不当な不支給決定

２００５年10月、末子さんは大阪の淀川労働基準監督署に労災を申請した。この申請に対して、淀川労基署は「傷病の発生原因が不明と判断されるため、死亡と業務の因果関係が認められない」として、06年９月４日に不支給決定をした。

原発で働き始めた正さんの健康が損なわれる過程を身近で心配してきた末子さんにとって、正さんの病気は原発で働いた労災以外のなにものでもない。しかし、労基署は不支給決定をした。自分一人ではどうにもならないと、金高望弁護士に助けを求めた。淀川労基署の金高弁護士への説明は、「悪性リンパ腫は電離放射線に係わる業務上外の認定基準の対象疾病にないから」というものであった。10月23日、末子さんは直ちに審査請求を行った。原子力資料情報室の筆者への連絡はその直後だった。

前述の「平均値からは視えない被曝労働の実態―6年4ヵ月間に99・76mSv被曝し、悪性リンパ腫で死亡したKさんの労働」（『原子力資料情報室通信』390号）の反響もあり、07年6月、JCO臨界事故の被害者支援や長尾光明さんの労災支援をともに闘ってきたヒバク反対キャンペーン、原子力資料情報室、双葉地方原発反対同盟、原発はいらない広島市民の会など7団体が呼びかけた「原発被ばく労働者とJCO事故被害者の健康補償問題」の対政府交渉が行われた。そこでは、57団体と185人の賛同を得て、「労災認定されて当然なのに労基署が独断で事実上の門前払いをしたのは不当」と追及した。

厚生労働省職業病認定対策室は、喜友名さんの労災が却下された事実すら知らなかった。

長尾光明さん（118頁参照）の多発性骨髄腫の労災認定の交渉の際、1978（昭和53）年の労働基準法施行規則（労規則）改定で例示疾病以外に「その他」（基発186号）の項を設けていることから、厚労省はそれに沿って労災認定について調査検討すると答えていた。

私たちはこうしたことが厚労省の出先機関である労基署に周知徹底されていなかったため喜友名さんに対し不当な不支給決定が出てしまったことに強く抗議した。そして悪性リンパ腫も

「その他」の疾病として、「りん伺」し、厚労省で検討すべきであることを求めた。厚労省が調査した結果、検討会を開催し、この件を再検討することを認めた。

厚労省を動かしたことが、遺族の喜友名末子さん、代理人の金高弁護士と支援者の結びつきを強めた。「支援する会」結成の準備の会議で、末子さんは「夫は退職直前に沖縄に戻り治療を受け、再び原発労働に戻ってぎりぎりまで働いた。病気になり苦しんで死んでいった夫の労災をぜひ認定してほしい。名前を明らかにして支援を訴えたい」と決意を述べた。

〈遺族、喜友名末子さんからの支援の訴え〉

夫、正は、1997年、原発の検査員として就職する前は、大手家電メーカーの技術社員として25年間勤めてきました。同メーカーでは、営業、販売、経理部門等順調に業務をこなし、順調満帆な日々を送っていました。ところが、同メーカーにおいては、長期勤続者の早期退職制度があり、夫は熟慮の結果、退職することを選びました。家族としては、まだまだ若いし、もっとその会社に勤めてもらいたかったのですが、夫の決意が固かったために、同意せざるを得ませんでした。

退職後は、バブル経済の崩壊に差しかかっている時期で、いろいろと就職活動をしていましたが、定職につくことができず、たまにある日々雇用の仕事をしていましたが、収入は不安定でした。

そういった状況の中、職安から紹介されたのが、原発の検査業務でした。夫はさっそく就職し、原発で業務があるたびに沖縄から出かけていくという生活が6年あまり続きました。

私も、夫の両親やその他の親族も、この仕事については、大変危険だとの思いから、猛反対をしました。夫が仕事を始めたあとも、帰ってくるたびに、放射線被ばくの危険があるから辞めてほしいと言いました。しかし、夫本人は、いたって軽く考え、国の基準で検査をやっているから大丈夫だと軽く受け流していたようにも思います。私は、仕事の話になるとけんかになってしまうので、詳しく仕事の内容を聞くことはありませんでした。

夫はもともと健康な人でしたが、原発の仕事を始めて3、4年経つと体の抵抗力が落ちたのか、風邪をひきやすくなり、常時体調が芳しくないと訴えるようになりました。会社では定期的に健康診断があったようですが、どのような状態、数値であるか、本人に伝えられていたか疑問でなりません。

夫が最後に体調を崩して退職を余儀なくされた後、いろいろな病院を受診しても病名もわからず、最終的に琉球大学病院で悪性リンパ腫と診断されて闘病生活に入りました。苦しい闘病の中、短期間で絶命したことは、本人にとっても、また家族にとってもつらいことでした。

なぜ、このような危険な業務についていってしまったのか。今となっては取り返しがつかず、後悔しても後の祭りです。たとえ給料が安くても普通の仕事についていれば、収入が少なくても幸せな家庭生活が送られていたでしょう。命あっての社会生活であり、命がなければすべて無です。

夫が大変な被ばくにさらされていたということは、夫の死後、初めてわかったことです。原発の、国民の目に見えないところで働く業務の閉鎖性、秘密性が、夫のような原発被ばくによる労災を引き起こしたのではないでしょうか。

国のエネルギー確保という大義名分の下、このような目に見えないところで働く多くの労働者がいるということを国民に知らしめるとともに、安全、安心のエネルギー政策を推し進めることが、国の責務だと考えます。閉鎖性、秘密性を打ち破り、すべてを公開することが、夫のような事故を再発させない最も有効な手段だと、国は肝に銘ずるべきであると思います。

今回、厚生労働省は、労災不支給の見直しに向けて、協議検討を開始するとのことです。夫の死が、放射線被ばくと因果関係があるということは、私のような素人でも直感するところです。これまでの国の考えを見直し、労災と認定するよう強く求めていきます。

今回、全国の多くの方々からご支援をいただけることになり、大変心強く思います。心から感謝申し上げます。今後も、夫の無念を晴らすことができるその日まで、がんばっていきたいと思いますので、どうか温かく見守ってくださいますようお願い申し上げます。

## 署名運動と厚労省交渉を両輪に

2007年9月、「喜友名正さんの労災認定を支援する会」が結成された。支援する会はこの問題を全国の市民に拡げようと署名運動と厚労省交渉を両輪として、各地の市民グループや個人、労働組合や平和団体と協力体制を拡げながら、厚労省に労災認定を迫る取り組みを進めた。

労災認定の根拠となる、①喜友名さんの過酷な被ばく労働実態、②悪性リンパ腫の被ばく補償は世界の趨勢となっていること、③原爆被爆者、原発等の原子力施設労働者の疫学調査における被ばく線量と悪性リンパ腫の相関関係などの資料を作成、提出し、7回の交渉を重ねた。

私たちは厚労省の「電離放射線障害の業務上外に関する検討会」に対し、上記3つの資料を07年12月13日付で提出し、厚労省はこれらの資料を検討会委員に配布した。

08年3月と9月には、市民と議員の院内集会と厚労省交渉を行った。延べ14人の国会議員と多くの市民が参加し、15万筆を超える署名を背景に認定を迫った。

9月11日、「原発で働き、悪性リンパ腫で死亡した喜友名正さんの労災認定を求めて　第2回中央行動」で、末子さんは「主人が倒れて3カ月後に会社の方に伝えると、会社は失業保険をもらってくださいと書類を送ってきたんです。私は思いました。どうして病気になったら失業保険をとるようにと書類が送られてくるのかと。私は病気が治る間は傷病手当の手続きもあると思うんです。その期間は傷病手当の手続きをしてやることもできたと思います。その前に会社を辞めてくださいという感じでした。それに対しても私は、すごく頭にきたんです。病気になったらすぐ辞めてってことですか」と発言した。

05年10月に労災申請してから3年が経とうとしていた。末子さんの元には、病院から未払いとなっている莫大な治療費の督促もきていたが、末子さんは「これは労災に間違いないから」と頑張ったそうだ。

厚労省は電離放射線障害の業務上外に関する検討会（非公開）を5回（07年11月22日、08年4月24日、6月12日、8月1日、10月3日）開催し、10月3日、ようやく認定の方針を出した。それを受け、淀川労基署は06年9月の不支給決定を「自庁取り消し」し、10月27日、末子さんに支給決定を通知した。

この日を待ち望んでいた末子さんは「全国のみなさんの支援のおかげです。感謝の気持ちでいっぱいです。夫が亡くなって、止まったままだった私の時間が動き出した。体の底から力がよみがえってきた感じです。夫と同じように原発で働き、がんなどの病気で苦しんでいる人がいれば応援したい」と、喜びとこれからのことを力強く語ってくれた。

## 喜友名さんが働いた過酷な労働現場

末子さんによれば、正さんは仕事に出かけたと思ったら「放射線を浴びすぎた」と言ってすぐに沖縄に戻ってくることがたびたびあったそうだ。仕事をしないと収入がなくなるので、仕事を求めてまたすぐに別の原発に行き、原発に入れないときは、沖縄で別のアルバイトをしていた。正さんが働いた過酷な労働現場については、何も明らかにされないままである。

１９８０年代半ば頃から、加圧水型原発のアキレス腱である蒸気発生器細管の損傷が顕著になってきた。この細管の破断は重大事故につながるので、損傷の点検と改良工事は重要な仕事である。喜友名さんら下請労働者は大量被ばくを強いられた。

●四国電力伊方2号機での第12回定期検査（97年8月31日〜11月20日）では、9月25日に制御棒駆動装置などの溶接部の３カ所に、10月３日には蒸気発生器細管64本に損傷が発見されている。喜友名さんは10月21〜25日の５日間に４・２ミリシーベルトの被ばく。

●関西電力高浜原発４号機での第11回定期検査（99年４月22日〜7月5日）では、５月27日に蒸気発生器細管に損傷が見つかり、喜友名さんは5月26〜29日の４日間で３・７ミリシーベルトの被ばく。

●同大飯原発３号機では01年7月6日、蒸気発生器細管17本の内側にひび割れが確認された。第8回定期検査（01年9月16日〜11月7日）では通常の定検に加えて一次冷却材ポンプ供用期間中検査、原子炉容器供用期間中検査、新燃料集合体１９３本のうち81体の取り換えなどが行われた。喜友名さんは9月18〜20日の３日間で３・１ミリシーベルトの被ばく。

●日本原子力発電敦賀原発２号機の第12回定期検査（02年6月11日〜8月6日）では、蒸気発生

器への不純物の混入を低減する対策として、湿分分離器の第一段の伝熱管を銅系からステンレス系に交換、燃料集合体193体のうち81体を取り換える作業などが行われた。喜友名さんは定検準備から入り、6月8～24日（17日間）で4・48ミリシーベルトの被ばくをしている。

●敦賀2号機では03年9月2日～29日に、喜友名さんは5・28ミリシーベルトの被ばくをしている。同機では9月10日に加圧器管台に割れ、一次冷却水漏れが起きている。20日には、作業員が原子炉容器下部の配管トンネル室に入り、所内規定（1ミリシーベルト）を超える1・68ミリシーベルトの被ばくをしている。当時、中性子を測定するための配管が燃料集合体から引き抜かれており、配管トンネル内は通常1時間当たり0・01ミリシーベルトの放射線濃度が、200～300ミリシーベルトまで上昇していた。社内で連絡、調整のミスがあり、作業員は高線量とは知らずに入室していた。

●喜友名さんが最後に作業した高浜原発では、2号機で03年10月16日に非常用ディーゼル発電機に異物が混入、機能検査で不起動。同22日には蒸気配管の連結部から漏れがあり、原子炉は停止。04年1月22日、高浜3号機で蒸気発生器細管に損傷が発見されている。

法的には労働者の線量限度は5年で100ミリシーベルト、1年では20ミリシーベルト（4月から翌年の3月までの総和）となっているが、4月を始期としない1年でみると、喜友名さん

## 電離放射線による労災認定に関する情報開示を

長尾光明さん、喜友名正さん、梅田隆亮さんらの労災について、厚生労働省と交渉を重ねてきた。原発労働者の労働災害の実態を明らかにするために情報の開示を求めてきたが、厚労省は「個人情報を含むことなので……」を理由に、極めて消極的である。また、担当者は3年ごとくらいの間隔で代わってしまう。労働者の健康に関する重要な課題に関してお互いに貴重な時間をかけて話し合いを重ねているのだから、積み上げてきた事項については引き継ぎをしっかりして、絶対に後退させないことを約束してほしいなど、ある程度顔なじみになった担当者に訴えてきた。

医療従事者や非破壊検査に携わる者など被ばく量の多い人たちの労災はどんな実態なのか、質問を重ねた。筆者が原子力資料情報室に在職中、担当者に電話で聴取して「電離放射線障害で労災認定された件数と疾病名」をまとめた(原子力資料情報室のホームページでご覧ください)。データは2014年2月までのもので、2015年3月筆者が退職した後、「情報は出さない」とのこと。引き続き開示を求めたい。

の12カ月間線量が20ミリシーベルトを超える時期が7回もあった。99年8月25日の直前12カ月間線量は20・10ミリシーベルト。同じく02年6月24日22・28ミリシーベルト、同年10月29日20・78ミリシーベルト、同年12月26日21・28ミリシーベルト、03年1月9日23・88ミリシーベルト、同年6月6日20・63ミリシーベルト、同年9月29日21・08ミリシーベルトとなっていた。

老朽化した原発ではさまざまなトラブルが起きる。きびしい現場の最前線で喜友名さんは命を削って働いた。

### 悪性リンパ腫の被ばく補償は世界の趨勢である

淀川労基署は、遺族の喜友名末子さんか

らの労災申請を「悪性リンパ腫は補償の例示リストにないから」と門前払いしてしまったが、医学の教科書にも悪性リンパ腫は白血病類縁疾病であり、放射線起因性であることが記載されている。

また、原爆被爆者の悪性リンパ腫は原爆症として認められており、海外では放射線被ばく労働従事者、核実験に従事した兵士や降下物で被ばくした住民らに発生した被害として補償の対象となっている。

①アメリカで2001年7月に施行されたエネルギー省雇用者の職業病補償法(Energy Employees Occupational Illness Compensation Program Act)

②アメリカの被ばく補償法（Radiation Exposure Compensation Act）核実験場の風下住民、核実験に従事した兵士の補償対象疾病

③マーシャル諸島住民の原水爆実験降下物による健康被害補償

④イギリスにおけるＢＮＦＬ（英国核燃料会社）、その他の企業とユニオンによる放射線疾病補償システム（The Compensation Scheme for Radiation-Linked Diseases）

⑤原爆被爆者の悪性リンパ腫（悪性リンパ腫の原爆症認定基準、認定事例、原爆症不認定取消訴訟原告団の悪性リンパ腫）

厚労省交渉で上記の資料を示したが、担当者の反応は頼りないものだった。私たちは、放射

線被ばくと悪性リンパ腫増加の相関関係を示す疫学調査の資料も含め、検討会に提出した。

厚労省は、第5回検討会で検討した資料の一部だけを、10月20日、ホームページで公開した。「悪性リンパ腫、特に非ホジキンリンパ腫と放射線被ばくとの因果関係について」（www.mhlw.go.jp/shingi/2008/10/s1010-3.html）によれば、「悪性リンパ腫、特に非ホジキンリンパ腫は、一般的にリンパ性白血病の類縁の疾患として取り扱われており、両者は類縁疾患とみなすことができる。このことを踏まえると、悪性リンパ腫、特に非ホジキンリンパ腫については、認定基準（略）において白血病の認定の基準として定められている放射線被ばく線量を参考として、判断を行うことが適当と考えられる」と見解を示した。疫学調査の結果は、「白血病と比べると、リンパ腫の放射線被ばくとの関係性が弱いことは明らかであるが、労働者救済の観点から認定する」という内容になっている。

## 多発性骨髄腫と非ホジキンリンパ腫が例示疾患リストに

私たちは2009年2月、6年ぶりに開催されようとする労働基準法施行規則第35条専門検討会に対し、上記厚労省検討会報告書にある「非ホジキンリンパ腫と放射線被ばくとの線量反応関係を明らかにした調査は存在しない」とした疫学調査論文のまとめに誤りがあることなどを指摘した申入書を提出した。

10年5月、ようやく多発性骨髄腫と非ホジキンリンパ腫が電離放射線にさらされる業務による疾病として労規則第35条別表第1の2に追加され、申請・認定の数も増加した。

喜友名さんの労災が認定されるまで、厚労省と交渉過程について私たちはそれぞれの媒体やホームページで、ささやかではあるが全力で情報発信した。その反響は私たちの予想をはるかに超えたものであった。「この疫学論文は役に立つと思います」と最新の情報を知らせてくださった専門家、「原発で働き悪性リンパ腫で死んだ弟の労災が認定されました。貴重な情報のおかげです」、海外からもフランスの核実験被害者の補償問題に取り組んでいる人たちなどから連絡があった。改めて、被害者が声を上げ、それを支える体制が必要なことを実感している。

# 計器類の〝預け〟の実態や急性被ばく症状に目を背ける判決

## 梅田隆亮さん（急性心筋梗塞）／労災認定を求める裁判の経緯。最高裁で係争中

池永 修

梅田隆亮さん（83歳）は、現在、福岡市の南西部、脊振山系に続く道沿いの静かな住宅地で妻郁子さんと暮らしている。比較的新しい戸建て住宅が立ち並ぶ中、心筋梗塞《しんきんこうそく》を発症後、生活保護を受ける梅田さんの借家は、見るからに痛みが激しい。

梅田さんは、1935年、現在の福岡県北九州市に生まれた。両親はいずれも教員であったが、梅田さんは、幼いころから建築関係の分野に興味を持ち、大学卒業後は建設や機械工事の会社に勤めて機械設備の基礎を学んだ。65年には郁子さんと結婚し、長男を授かった。67年には独立を果たし、新日本製鐵を中心に鋼材加工や組立、配管工事等を請け負い、多いときには10人の職人も養っていた。74年には北九州市内に念願のマイホームも購入した。

### 梅田さんの人生を変えた原発労働

1978年頃から北九州のまちをいわゆる「鉄冷え」が襲った。下請工事は減り、梅田さんの収入も激減した。息子はまだ中学生で、住宅ローンの支払いも残っていた。

面識のあった井上工業株式会社の社長から声をかけられたのは、その頃であった。（島根県の）松江で条件のいい仕事がある、交通費、宿泊費、飲食まで先方の負担で、1日働いて約1万5000円になると聞かされ、すぐさま梅田さんは仲間5人とともに松江へ向かった。79年2月のことである。

梅田さんたちは、これから向かう現場が原子力発電所という施設であることも聞かされていなかった。原発では、作業員に対し、放射線安全教育を実施することが義務づけられているが、梅田さんは、そのような教育を受けた記憶はない。記憶をたどっても思い出せるのは、けがをしたときの処置や緊急連絡先といったどこの現場でも行われている一般的な注意事項だけである。

松江に着いた翌日、梅田さんたちは、見たこともない計器類を持たされて現場に入ったが、梅田さんは、アラームメーターは「もうすでに現場に到着したときには鳴ってました」と証言している。しかし、まともな放射線安全教育を受けていない梅田さんたちは、そのようなアラームを聞いても、「何だろう。煩わしい」としか思わず、そのまま作業に入った。その日、同宿の作業員にアラームのことを尋ねると、「まとめて預かってくれる人がいらっしゃるので、そこに預けたらどうですか」と教えられた。さっそく翌日から、梅田さんたちはアラームメーターなど計器類一式を現場から少し離れたところに座っている男性に預け、手ぶらで作業するようになった。

島根原発の作業に従事するようになって3日目、梅田さんの体調に異変が現れた。梅田さんは立ち上がれないほどの腹痛に襲われて松江日赤病院に搬送されたが、原因はわからず、いったん北九州に帰された。北九州に戻り入院したがやはり原因はわからず、2日ほどで痛みが引いたため、再び島根に向かい、作業に復帰した。

4月に入り、島根原発の定期検査業務を終えた梅田さんたちは敦賀原発に向かわされた。梅田さんたちが従事した作業は、多くが原子炉格納容器（PCV）内の作業で、腐食した配管の切断や溶接といった本業の配管作業だけでなく、作業員の被ばく量を低減させるための鉛毛板の取り付けや遮蔽プラグの取り外し、足場の取り付けや床面のポリシート貼りなどさまざまな雑務を含んでいた。配管から漏れ出した冷却水をひしゃくですくってバケツに入れたり、原子炉圧力容器（RPV）の内側をウエスでふき取るといったにわかに信じがたい業務も命じられた[*1]。ふき取り掃除を終えた日、梅田さんは、同宿の先輩作業員から「やっと特攻隊の仲間入りができたな、梅田さん」と声をかけられた。梅田さんは、「その意味が長い間わからんやったんですが、あの油はものすごい放射能だったと思います」と証言している。

もちろん、このような非人道的な作業は、事業者から開示された資料には記載されていない。梅田さんたちは、被ばく線量を記録するための計器類を他の作業員に預けて作業していたため、これらの作業による被ばく線量も記録されていない。

放射線被ばくの危険性に対する満足な知識も持たない梅田さんたち作業員は、あまりの暑さと息苦しさから防塵《ぼうじん》マスクを外して作業することもあった。高いところで毎時1ミリシーベルトという超高線量、しかも配管の切断等によって放射化した粉塵が舞い散る中で、である。敦賀原発の作業の最終日、退域のためホールボディカウンター検査を受けた梅田さんの体内からは、2247カウントのガンマ線が検出された。一緒に敦賀原発に入った仲間からは「死ぬぞ」などとからかわれたという。

## 異変

1979年6月、梅田さんたちは、敦賀原発の作業を終えて北九州に戻った。そこで梅田さんを待っていたのは、それまでに経験したことのない体調の異変であった。梅田さんは、原因不明の突然の鼻出血に始まり、動悸、めまい、そして激しい脱力感や全身倦怠《けんたい》感等の諸症状に襲われた。北九州市内の医療機関を転々としたが、原因は不明とされた。

そのときの状況は、当時、記者として「原発ジプシー」を特集していた柴野徹夫氏によって取材され、次のように報じられた。*2

「さる六月十六日、福井県・敦賀原発での炉心作業を終え、自宅に帰って六月十九日の昼過ぎ。『お前、どげんしたと？ 鼻血ば出よる』友人に注意され、口元に手をやると、べったりと血が。『疲ればい。気にせんでよか』ところが、翌日もまたツーっと鼻血が。そして吐き気。つづいて目まい。全身にひどいけだるさが。（もしや……）不安にかられた梅田さんは、四つの病院を次つぎ、たずねました。所見は『体内被曝によるものと思われるが不明』」

同時期に梅田さんを取材したフォトジャーナリスト樋口健二氏も、当時の梅田さんの証言を次のように著書に記録している。[*3]

「腰をあげた時にグラッ！ときて、だるさちゅうか脱力感で、そこに坐り込んでしもうて、そのまま動けんわけですよ。立てんのですよ。今まで40を過ぎるまで、そんな経験一度もないですけん」「翌日も現場に行ったんです。午前中は何ともなかったが、午後になると脱力感でボッーとなりだるくてどうすることもできん。ダラーと力が抜けたような状態で、無理すりゃ動けんこともないんですが、もう動くのがいやなんですよ。おかしいな！　おかしいな！　と思ったけれども、昨日の今日ではね」「４日間同じ状態でつらかったけど、仕事はしましたよ。だけど、５日目になると、もうきつくて働けんのですよ」

このような形で30年以上も前の被ばく直後の身体の状況が記録されていること自体が奇跡に等しいが、梅田さんが当時、受診した九州大学病院の医療記録も奇跡的に残っていた。そこには、次のような記載がある。

「配管関係の仕事をしていた。S54・5・15から約１ヶ月間、敦賀原子力発電所に配管工事で勤務した。帰るときの検査で入浴して再検査ののちに帰宅した。（S54・6・16）」「帰宅後５日後から、仕事にはじめて出たら、体がだるくて、動悸、めまいのような感じにおそわれた。ヨーカンのくずのような鼻出血を認めた。症状は午後に悪い。このような状態が８月中旬位までつづいた。現在はかなり回復している。仕事を少しすると根がつづかない。鼻出血は2回1日おいて出たのみ」「関係あるかないかよくわからないが、目がかすむ傾向が最近ある」

九州大学病院の医療記録には、梅田さんがそれまでに北九州市内の小倉医師会クリニックや健和会総合病院、三萩野病院などを受診した際の医証に加え、当時、長崎大学病院で実施された高性能のホールボディカウンター測定の結果も編綴《へんてつ》されていた。そこでは、核種こそ明らかではなかったものの「作業中に取り込んだ放射性核種」が明確に指摘されていた。

しかし、労災申請を決意した梅田さんに対しては、元請けの井上工業などから圧力がかかり、結果、梅田さんは、わずかな見舞金と引き換えに労災申請を断念した。養うべき家族や職人を守るため、当時の梅田さんにとって、やむを得ない選択であった。

わずかな見舞金と引き換えに生活の資本となる健康な身体を奪われた梅田さんは、配管業を廃業し、単発のアルバイトで食いつなぐ生活となった。収入は激減し、妻の郁子さんもパートに出るようになったが、それでも生活費が足らず、借金の返済のため自宅も売り払った。倦怠感から思うように身体が動かず、周囲から「怠け者」と罵《ののし》られた当時の心境を法廷で尋ねられた梅田さんは、一言、「地獄でした」と語った。

## 急性心筋梗塞の発症と労災申請

梅田さんは、その後もしばしば医療機関を受診したが、いくら全身の倦怠感を訴えても肝炎を疑われるなどしたのみで、原因はわからなかった。

そして、2000年3月28日、急性心筋梗塞を発症した。痛みはまったくなかった。そのような自身の症状を伝えたときにみた医師の不思議そうな表情だけが、釈然としない思いとなって梅田さんに残った。

08年、公益財団法人放射線影響協会から送られてきたアンケート調査票[*4]を目にし、梅田さんは、かつて長崎大学で受けたホールボディカウンター検査を思い出した。梅田さんは、長崎大学に79年当時のホールボディカウンター検査の結果がまだ保管されていることを知り、長崎大病院永井隆記念国際ヒバクシャ医療センターを受診した。センターの医師から、自身の急性心筋梗塞の発症が、79年当時の島根原発、敦賀原発における放射線業務との関連性を否定できないとの説明を受けた梅田さんは、約30年越しの労災申請を決意した。

ヒバクシャ医療センター医師が国に提出した医証には次のように所見が述べられている。

「1979年7月12日（患者さん当時44歳）に長崎大学で受けられたホールボディ検査の測定結果の再解析が可能となりましたので別紙に示します。Co‐57、Co‐58、Mn‐54、Co‐60、Cs‐137と思われる放射性核種を検出しております。……患者さんのお話によれば当時全身倦怠感・悪心・鼻出血などの症状があり、病院の検査で白血球減少を指摘されたそうです。……もし患者さんの内部被ばく外部被ばくの結果が予想より大きく、悪心や鼻出血、白血球減少が被ばくにて生じていると仮定した場合は、急性心筋梗塞の原因の一部に放射線が関与した可能性を否定できません」

## 認められなかった労災

梅田さんからの労災申請を受け、国は、梅田さんの発症した急性心筋梗塞と島根原発、敦賀原発における放射線業務との関連性を検討するための検討会を立ち上げた。放射線研究の第一線の医師の医証を携え、梅田さんは、よもや自身の労災申請が認められないことなど考えもしなかった。

しかし、約2年の審査の結果、梅田さんの労災申請は却下された。

検討会は、事業者から提出された資料から梅田さんの被ばく線量を8・6ミリシーベルトと認定し、

①1ないし2グレイより低い線量の放射線被ばくと循環器心疾患との関係を明らかにするような科学的な情報が不十分である

②放射線従事者を対象とした疫学調査では、線量の増加に伴い心疾患が増加するという結果と、増加しないとする結果があり、疫学調査の結果は一致していない

③広島・長崎の原爆被爆者を対象にした最新の疫学調査（調査期間1950〜2003）によると、0・5シーベルトよりも低い線量では心疾患のリスクについての有意な増加は明らかでない

④国際放射線防護委員会（ＩＣＲＰ）の２００７年勧告において、現在入手できるデータからでは、約１００ミリシーベルトを下回る放射線量による影響の推定には、非がん疾患を含めることはできないと判断されている
⑤心疾患は、喫煙、肥満、高血圧などが関係する生活習慣病の一つであり、放射線被ばくと関係なく死亡率が１４４・４（人口10万人対）である

などと否定的な評価を並べて、梅田さんの急性心筋梗塞と島根原発、敦賀原発における放射線業務との因果関係を否定した。

しかし、いわゆる原爆症認定訴訟では、疫学調査の進展に伴って、放射線被ばくと心筋梗塞発症との因果関係を認める司法判断が相次いでおり、厚生労働省においても、08年3月17日、「新しい審査の方針」を策定し、そこでは、「被爆地点が爆心地より約３・５キロメートル以内である者」が急性心筋梗塞を発症した場合、積極的に放射線起因性を認めるものとされた。約３・５キロの初期放射線は、国によれば、長崎で約１・０ミリシーベルト、広島では約０・６ミリシーベルトとされている。にもかかわらず、被ばく労働者である梅田さんの心筋梗塞について因果関係を否定した国の判断は、原爆症認定と明らかに整合しないものであった。

## 再び光が当てられた原発労働の真実

梅田さんは、支援者の支えを受けて審査請求、再審査請求を闘ったが、結論は覆らず、２０

12年2月17日、労災認定を求めて福岡地方裁判所に訴訟を提起した。

梅田さんの裁判は、原発労働者が、放射線被ばくによる急性心筋梗塞について労災認定を求める日本で初めての労災裁判となった。折しも、11年3月に発生した福島第一原発事故後、劣悪な環境の中で使い捨てにされる被ばく労働者への社会的関心の高まりもあり、「すべての被ばく労働者の救済をめざして」満身創痍《そうい》の身体で立ち上がった梅田さんの裁判は、多くの市民からの支援を受けて始まった。

福岡地方裁判所における第一審の審理の大部分は、79年当時、梅田さんたち原発労働者が従事した被ばく労働の実態、放射線管理の実態を解明し、原発労働の闇に光を当てることに費やされた。

30年以上の歳月が経過したことにより、梅田さんと作業をともにした仲間たちの消息も途絶えてしまった中、柴野徹夫氏や樋口健二氏が、原発労働の実態を後世に残すべく記録していた79年当時の梅田さんたち労働者の証言は極めて重要な資料となった。

法廷では、樋口健二氏の著書の中でも語られている計器類の預けについても梅田さん自身の言葉で証言され、東北から来たグループの同宿の〝おいさん〟が小さな段ボールのような箱でグループごとにみんなの線量計を預かってくれた、梅田さんたちも、その〝おいさん〟に名前を書いた紙とともに計器類を預けていた等々、当時の状況が克明に再現された。

また、原発銀座と呼ばれる若狭の原発労働者の聴き取り調査を行ってこられた髙木和美氏（岐阜大学教授）の膨大な研究成果は、当時の原発労働者の実態を知る上でも、原発労働者を取り巻く社会的背景を解明する上でも極めて重要であった。髙木教授が集められた原発労働者の証言にも[*5]、「〝工作室のおっちゃん〟がいて、工具を借りに行った時に線量計を預かってもらった。おっちゃんは、『預かっておいちゃるで』と言った。一緒に行くわけではないから放射線管理担当者はその時見ていない」（電力会社正社員の証言）。「労働者自身が、フィルムバッジとポケット線量計を、実際に作業する場所とは違う場所に置くと、線量を低く記録できた」（元一次下請正社員の証言）等の、原発労働者が進んで被ばく線量を低く見せようとしていたことを示す証言が多数存在している。

さらに、第一審の審理では、梅田さんだけでなく、当時の原発労働の実態を知る元原発労働者たちが歴史の生き証人として証言台に立った。原告側証人として証言台に立った2名の元原発労働者（斉藤征二氏、升元弘氏）は、いずれも悪性腫瘍や眼疾患、甲状腺疾患、循環器疾患など放射線被ばくの影響と疑わざるを得ない満身創痍の身体で、命がけの証言を行った。

80年に敦賀原発で働いた経験もある斉藤征二氏は、「原子炉内の作業に放射線管理者は立ち会っておらず、防護マスクをずらしたり計器類に不正をしても誰からも注意を受けることなどなかった」「自らも放射線管理者から管理区域立入カードに線量計の数値よりも低い数字を記載するよう指示され、しかも、そこで記載した鉛筆書きの数字すらも後日書き換えられていた」など、当時のずさんな被ばく管理の実態を自らの経験に基づき証言された。

この証言は、事業者から提出された梅田さんの線量記録に、放射線作業に従事したはずの79年2月中の被ばくの記録が記載されていなかったり、[*6]当時鉛筆書きで記載した高い線量の数字がすべて消され、30、50、10、10、10（単位はいずれもミリレム）といった切りのよい数字に書き換えられていることなどを理解する上でも貴重な証言となった。

升元氏は、二次下請けの放射線管理者として末端の労働者たちの放射線管理を担ってきた経験に基づいて原発における放射線管理の実態について証言され、事業者提出の資料に記載された作業現場の雰囲気線量は作業開始前に計測されたものであり、作業中配管を切断したりすれば作業現場の線量も上昇するといった証言は、梅田さんの真の被ばく量を推し量る上で重要な意味を持った。

一方の国からは、計5名の証人[*7]が出廷し、梅田さんたちが語る原発労働の実態、放射線管理の実態を口々に否定した。その肩書きから、いずれも原子力産業と蜜月の関係がうかがえる5名の証人は、放射線安全教育はわかるまで丁寧にやっていた[*8]、線量計等の預け等は不可能、RPV内のふき掃除も不可能云々といった証言を重ねた。

## 被ばく量に対する科学的解明

このような原発労働の実態解明と併せて、梅田さんの被ばく量を科学的に解明する作業も進められた。

事業者から提出された当時の作業指示書等には、梅田さんが従事した作業現場の雰囲気線量が記載されている。この雰囲気線量と梅田さんの入退域の時間を手がかりに、梅田さんの被ばく線量を推定する試みに、三好永作氏（九州大学名誉教授）、森永徹氏（元純真短期大学講師）、永井宏幸氏（理学博士）、岡本良治氏（九州工業大学名誉教授）、豊島耕一氏（佐賀大学名誉教授）ら九州の科学者が協力してくださった。

この推定計算の結果、梅田さんの被ばく線量は、移動時間などを考慮してかなり控えめに試算したとしても、島根原発では最小で2・9ミリシーベルト、最大で127・4ミリシーベルト、敦賀原発でも最小で19・1ミリシーベルト、最大で206・3ミリシーベルトという結果であった。しかも、この試算は、配管作業に従事していた梅田さんが配管を開放したことなどによって作業環境の汚染が高まった状態等を反映しておらず、なお過小評価の可能性が高いということであった。

79年当時の梅田さんのホールボディカウンターの測定結果についても再検証が行われた。この作業には、矢ヶ崎克馬氏（琉球大学名誉教授）が協力してくださった。その結果、当時の梅田さんの体内からは、半減期の短いヨウ素131などの核分裂生成物のスペクトルが検出されていたことが新たに判明し、国が主張する被ばく量は内部被ばくにおいても著しい過小評価であったことが明らかとなった。矢ヶ崎名誉教授は、この再検証の結果を法廷で証言され、併せて、ICRPの線量体系においては内部被ばくのリスクが無視ないし著しく過小評価されていることを自然科学の見地から明らかにされた。

さらに、梅田さんが敦賀原発の作業直後に訴えた、原因不明の鼻出血や吐き気、めまい、全身倦怠感等の諸症状が記録された九州大学病院の医療記録についても、松井英介医師（岐阜環境医学研究所所長）の協力により医学的な検討が行われ、当時、梅田さんに発症した諸症状が急性放射線症であった可能性が指摘された。国が定める電離放射線に係る疾病の業務上外の認定基準では、急性放射線症が生ずるのは「おおむね50レムを超える場合」（50レム＝500ミリシーベルト）とされており、当時梅田さんにみられた諸症状は、それ自体、国が認定した被ばく線量8・6ミリシーベルトなどという数字がまったく事実と乖離した虚構の数字に過ぎないことを実証するものとなった。

## 低線量被ばくと心筋梗塞の関連性をめぐって

科学者たちの追及のメスは、国が否定する低線量被ばくと心筋梗塞発症との関連性についても及んだ。

原爆被爆者を対象とした放射線影響研究所の疫学調査において、非がん疾患のリスクの増加が認識されるようになったのは92年ＬＳＳ調査[*9]第11報に至ってからのことである。近年、急速に知見の集積が進んでいるものの、未解明部分も多い。

国は、放射線影響研究所の疫学調査において「現在得られている0・5グレイ未満の結果は統計的に有意ではない」とされていることを手がかりに低線量被ばくと急性心筋梗塞発症との関連性を争ったが、三好名誉教授らのグループは、この疫学調査を統計学的に解析することにより、0・5グレイ未満の領域においてもリスクの増加は94％という極めて高い確率で支持されていることを明らかにし、「有意ではない」の一言でこのリスクを切り捨てようとする国の姿勢を厳しく批判した。

また、低線量域において虚血性心疾患のリスクが有意に増加していることを示す最新の疫学調査の結果も集積され、松井医師の協力により、放射線被ばくが心筋梗塞を発症させる医学的なメカニズムも明らかになった。

## 福岡地裁判決

原発労働者を中心に、多くのジャーナリスト、研究者、科学者たちの得難い協力を受け、満を持して迎えた２０１６年4月15日、福岡地裁は、不当にも梅田さんの請求をすべて退ける判決を言い渡した。

福岡地裁は、機械的に読み取られる「外部被ばく線量記録の数値を改ざんすることは困難である」といった形式論を並べて線量記録の改ざんを否定し、「放射線管理員等の監視の目もある原子力発電所の管理区域内において、そのようなことが容易に実行し得たとは考え難い」などとして計器類を預けたという事実も否定した。とりわけ、計器類の預けを否定する理由として、

1979年当時に樋口健二氏や柴野徹夫氏が取材し記録した梅田さんの証言については一切検討せず、その一方で（一方当事者である）国の事務官が（一方的に）作成した電話聴取書において梅田さんが預けの事実を否定したと記載されていることを無批判に前提とし、梅田さんの証言が一貫していないなどと結論づける論旨の偏頗《へんぱ》さに驚きを禁じ得なかった。

こうして、福岡地裁は、梅田さんの被ばく線量を記録上の8・6ミリシーベルトと認定し、これを「CTスキャン1・5回分にも満たない程度の低線量」などと評しつつ、梅田さんの喫煙歴などをことさらに指摘して、いとも簡単に因果関係を否定した。樋口健二氏や柴野徹夫氏の著書等はもとより、九州大学病院の医療記録という極めて客観性の高い証拠に記録された79年当時の梅田さんの急性放射線症様の諸症状については事実認定すら行わなかった。

このように、福岡地裁判決は、梅田さんたち原発労働者が命がけで光を当てようとした原発労働の真実から完全に目を背け、再び闇に葬り去ろうとするものであったが、言い渡し直後の報告集会の席上、梅田さんから語られた「今も福島で生み出されている被ばく労働者のために、命ある限り闘い続けたい」との決意表明を受け、闘いの舞台は福岡高裁へと移された。

## 福岡高裁の審理

控訴審の審理では、弁護団は、訴訟の一方当事者が作成した電話聴取書を根拠に梅田さんが1979年当時から一貫して証言してきた計器類の預けの事実を否定するなど事実を著しく軽視した福岡地裁の姿勢を厳しく批判し、電話聴取書の作成者である厚労事務官の証人尋問を申請した。この厚労事務官は、第一審の段階から国の指定代理人として裁判に出頭し、被告席に座っていた人物であり、まさに裁判の一方当事者と呼べる人物である。

併せて、樋口健二氏や柴野徹夫氏から、79年当時、梅田さんを取材したときの状況を詳細に聴取した陳述書を提出してもらい、樋口健二氏については証人尋問も申請した。

しかしながら、福岡高裁は、これら証人の採用を延々と先延ばしし、17年4月に先の厚労事務官が国の指定代理人を辞するや、すべての証人申請を却下し、結審のための口頭弁論を指定する暴挙に出た。

このような福岡高裁の訴訟指揮を受け、17年7月19日、公正な審理を求める緊急集会が開催され、公正審理を求める市民の要請書が裁判官に提出された。

原告弁護団も、福岡高裁があくまで事実から目を背けるのであれば、あらゆる手段を講じる決意で17年8月7日の口頭弁論に臨んだ。口頭弁論では、弁護団長の椛島敏雅弁護士から裁判長に対して証人尋問を却下した理由について厳しい追及があった。他の弁護士からも、少なくとも福岡地裁が事実認定すら行わなかった79年当時の梅田さんの急性放射線症状について事実認定が行われるべきであると、こもごも裁判長に迫った。当日、狭心症の再発により救急搬送されたため出頭できないとの知らせを受けていた梅田さんも、医師に付き添われ、30分遅れで法廷に出頭し、自ら意見を述べた。

残念ながら、証人尋問の採否についての判断こそ覆らなかったが、裁判長は、審理の終結を宣言するにあたり、原審が無視した梅田さんの急性放射線症状について事実認定を行うことを確約し、判決言い渡し期日を２０１７年12月４日と指定した。

このような審理経過からは控訴審においても厳しい判決が下ることを一定覚悟せざるを得ないが、梅田さんの被害の事実を目の当たりにした裁判官らが、法と良心に従い、正しい結論にたどり着くことへの淡い希望を、私たちは、まだ捨てていない。

期日後の報告集会において、梅田さんは「すでに長崎大学への献体を決めている。私の命が尽きてもこの闘いは終わらない」と語った。全国から駆けつけてくれた支援者の中には、あらかぶさんの姿もあった。

【追記】

２０１７年12月４日、福岡高裁は、梅田さんの控訴を棄却する判決を言い渡した。

結審をめぐる弁護団との激しいせめぎ合いの結果、福岡高裁は、一審判決のように「不都合な事実」を無視することはできなかったものの、用意していた結論に沿わない証拠に対して、ことごとく瑣末な疑いを挟み、その証拠価値を著しく減殺する手法によって、放射線被ばくと急性心筋梗塞発症との因果関係を否定した一審判決を踏襲した。

まず、福岡高裁は、梅田さんが線量計を他の労働者に預けるいわゆる「預け」を行っていたかどうかについて、一審判決が無視していた、柴野徹夫さんや樋口健二さんの著作に記録された梅田さんの当時の証言を取り上げたが、そこから認定される事実を極端に矮小化し、梅田さんが「原発での作業を終えて間もない昭和54年頃から、原発の作業現場において預けが行われていたことを他者に対して述べていたことが認められる」と認定するにとどめた。

その一方で、福岡高裁は、厚労事務官ら作成の聴取書に預けの記載がないことの不自然さをことさらに強調するとともに、一審判決同様、厚労事務官作成の電話聴取書に預けの事実を否定する供述が記載されていることを重視し、結局、預けの事実を否定した。福岡高裁は、梅田さんが求めていた厚労事務官の証人申請について、（証拠調べの必要性は否定することなく）時機に後れたものとして却下していたのであるが、やはり結論ありきの訴訟指揮であったと言わざるを得ない。

また、福岡高裁は、一審判決が無視した当時の医療記録等に基づき、梅田さんが原発労働直後の１９７９（昭和54）年「6月27日までに、脱力感、倦怠感、鼻出血等の症状を訴え、治療の必要性を感じていたことが認められる」と認定した。

もっとも、福岡高裁は、各症状の出現時期等に関する証拠間の些細な齟齬《そご》を捉えて「極めて印象的であったはずの出来事について齟齬がみられる」などと指摘するとともに、これら症状は他の疾病においても広く認められる症状であるなどとして、急性放射線症の症状であることを否定した。

こうして福岡高裁は、梅田さんの被ばく線量を一審判決同様約8・6ミリシーベルトにとどまるとし、かつ、低線量の放射線被ばくによって心筋梗塞のリスクが増加するとの近年の知見もいまだ「確立されたものとはいえない」として因果関係を否定した。

この福岡高裁判決は、末端の一労働者に、密室で行われる原発労働者の被ばく管理の不備や、現在の科学力でも全容解明に程遠い放射線被ばくの影響等について、およそ救済の途を閉ざすかのごとき厳格な証明責任を課すものであり、労災補償制度の理念を没却した不当判決と言わざるを得ない。

梅田さんは、即日、最高裁判所に上告を行ったが、私たち弁護団は、これから始まる最高裁の審理において、生身の人間を非人間的な人海戦術に用いる原発労働が、個人の尊厳に最高の価値をおく憲法秩序の下では本来的に許されない労働であること、そのような原発労働によって健康を損なった労働者の個人の尊厳を回復する労災補償制度を機能不全にするような判断枠組みは憲法上許されないことを正面から問うていきたい。

【注】

＊1　言うまでもなくこのような作業は記録上残されていない。また、第一審の審理において、国側の証人は、原子炉圧力容器内には定期検査中も冷却水が張られているため中に入ることはできないなどと異口同音に証言した。

＊2　１９７９（昭和54）年7月22日付新聞赤旗日曜版。なお、この取材結果は、１９８３年に書籍としても発行されており（柴野徹夫『原発のある風景　上』未来社）、現在も『明日なき原発』（未来社、２０１１年）として発行されている。
＊3　樋口健二『闇に消される原発被曝者』（三一書房、１９８1年8月15日第1版第1刷）。
＊4　（公財）放射線影響協会は、国の委託を受けて、原子力発電施設等で放射線業務に従事した者を対象に疫学調査を実施している。
＊5　髙木教授と労働者との約束によりいずれも匿名とされている。なお、髙木教授の研究成果は後日論文として取りまとめられ、次のアドレスで一般公開されている。
http://repository.lib.gifu-u.ac.jp/bitstream/20.500.12099/72797/1/reg_030041004.pdf
『原発被曝労働者の労働・生活実態分析』（明石書店、２０１７年）も参照。
＊6　提訴にあたり入手した梅田さんの放射線管理手帳では、梅田さんが腹痛を訴えるまでの3日間は「放射線作業に従事せず」と記載されていた。また、島根原発におけるフィルムバッジの値は、梅田さんが作業に復帰後、原子炉格納容器内で放射線作業に従事していたことが争いのない期間も含めて、検出限界値未満とされていた。
＊7　①山九プラントテクノ（旧西牧工業）株式会社電力事業部長、②山九プラントテクノ（旧西牧工業）株式会社工事品質専門部長、③日立プラントコンストラクション嘱託（高速増殖炉「もんじゅ」現場監督）、④株式会社ジェイテック常務取締役、⑤中電プラント株式会社～下花物産株式会社顧問。
＊8　第一審の審理では、国から安全教育の講師氏名が黒塗りにされた「従事者・随時立入者指定申請書」が書証として提出され、梅田さんに対して自ら安全教育を行ったという中電プラントＯＢが証人として出廷し

たが、反対尋問において、弁護団が独自に入手した黒塗りのない申請書に別人の氏名が記載されていることを指摘され、絶句する一幕があった。

＊9　寿命調査、Life Span Study。広島・長崎の被爆者約9万4000人と〝非被爆者〟約2万7000人の追跡調査。

# あらかぶさん裁判が問いかけるもの

## あらかぶさん（白血病）／東京地裁で係争中の損害賠償請求裁判をめぐって

川本　浩之

### なぜ原発内被ばく労働による「白血病」の損害賠償請求裁判はなかったのか

労災職業病の民事損害賠償は大変である。とりわけ災害的な要素のない職業病はそうである。なぜ大変かというと、まず、仕事が原因で病気になったということを証明しなければならないからだ。しかも立証のための証拠を会社が持っていることが多い。幸いにして労災認定されたとしても、それは当てにならない。裁判になると会社は、必ず本人の基礎疾病などを問題にするからだ。仮に因果関係を立証できたとしても、さらには、会社の安全配慮義務違反を立証しなければならない。つまり会社が職業病発症を防止するためにしなければいけなかったことをあげて、それをしていないことを裁判所に納得させなければならないのだ。

実際に労災認定されたが、民事裁判で敗訴した例を紹介しよう。被災者は長時間労働が原因で脳出血で倒れた。労災も認められた。ところが会社にはタイムカードなどはなく、労働基準監督署が本人の手帳やコンピューターの記録、同僚らの聴取などから総合的に判断して、長時間労働があったと認めた。ところが、会社は職場にいたことを認めたものの、裁判ではコンピユーターでは直接仕事に関係のない調べ物をしていた、もともと高血圧で治療していた（これは事実）などといろいろなことをあげた。要するに勝手に職場に残っていただけだという。本人に重い障害が残り、当時のことをきちんと反論できなかったこともあり、裁判所も一定の長時間労働を認めたものの、因果関係なしという判断をした。家族が必死の思いで最高裁まで争ったが、結局結論は変わらなかった。

また、過失相殺の問題は労災でも職業病でも相当厳しい。裁判所の判断では、災害性の労災では、本人にも過失があったとして、2～3割ぐらいは引かれることが普通である。ある過労による心疾患の事件では、労災も裁判でようやく認められたような難しいケースとはいえ、基礎疾病があるから会社の責任はわずか3割、つまり7割は本人の責任とされたこともある。ちなみに、初めて過労自殺の民事損害賠償を認めたとされる電通の過労自殺裁判でも、地裁はともかく、当初高等裁判所は家族の過失があるとして損害額を減らした。最高裁が差し戻して変更されたとはいえ、ご遺族に完全勝利をめざして闘う決意がなければ、そのままになってしまっていただろう。

そういう意味では、因果関係についていえば、たとえば精神疾患と長時間労働とのそれと比べても、被ばくと白血病の因果関係は、非常に明白である。諸説あるとはいえ、長時間労働と精神疾患の因果関係を医学的には十分立証できているわけではない。裁判で係争されたケースが多いために、裁判所が法的に認めているだけである。さらには、詳しくは第2章に譲るが、原子力損害の賠償に関する法律（原賠法）で、安全配慮義務違反の立証は必要がないということは、非常に「楽」である。

以上のような理由から、少ないとはいえ労災認定された白血病の被災者やご遺族が、雇用主や電力会社に損害賠償請求すれば、裁判に至ることもなく解決してきたのではないかと推測できる。あるいは、会社が労災と同水準の補償をするとして、労災請求しないで賠償して解決した例もあるのかもしれない。こういうケースはほぼ間違いなく守秘義務が課せられているから社会的に知られることがない。最近も、私が協力要請されたある大企業の過労死事件では、結局弁護士間の交渉で、労災申請もせずに完全に会社が賠償する形で和解された。もう一つは、評価はさまざまとはいえ、日本の労災補償制度というのは、それなりの水準を持っている。わざわざ会社に損害賠償を求めるというのはそれなりの理由があり、それは金銭的ではないことが多い。あらかぶさんも、実はそうであった。

## あらかぶさんはどうして訴訟に立ち上がったのか

あらかぶさんが本書第1章のインタビューでも語っているとおり、労災請求については、元請会社がきちんと対応をしてくれたようだ。労災保険のしくみで、土木建設業などは元請けの労災保険を使うことになっている。あらかぶさんについては、大手ゼネコンが対応しており、親切だったという。もう少し労働基準監督署が速やかに認定する、そしてきちんと途中経過を説明していれば、あらかぶさんは、どこにも相談しなかったであろう。請求が２０１４年３月で認定が２０１５年10月、１年７カ月は、文字どおり必死の思いで治療を続ける本人にとってはあまりにも遅すぎた。１年以上経っても認定されないということで、脱原発を闘ってきた支援団体に「まだ認定されないのだが大丈夫だろうか」という相談を寄せられた。認定直後に詳しく報道した新聞記者とのつながりも、それが契機でできたのである。

そしてあらかぶさんが訴訟を闘う決意をしたのは、労災認定されたときの、東京電力のコメントである。それは、「コメントする立場にない」というものだった。さらには、医学的に因果関係が認められたものではないとする厚生労働省の見解を、自社のホームページでわざわざ紹介したのだ。つまり、たまたま労災認定されたみたいだけど、それは因果関係を認めたものではないし、東電は関係ありませんというひどいものだった。訴訟で因果関係を否定したり、安全配慮義務違反を認めないような会社でも、とりあえず被災者には、「お見舞い申し上げます」ぐらいは言うのが普通である。そこに労災以上の要求はしないでほしいというような「計算」ないし「下心」があったとしても、やはり労働者や家族は自分たちのことを少しは考えてくれているのだろうなと、感じるものだ。最低限の礼儀というものだろう。ましてやあらかぶさんは、１回目の口頭弁論で述べたとおり、「私の生まれ育った北九州では誰かが困っていて、自分が助けになるなら、見て見ぬふりはするなという、義侠心と言うか、そういった風土がありますので」と考え、福島の人たちのためならばと、愛する家族のもとを離れて、わざわざ福島第一・第二原発での仕事をしたのだ。現場の状況はひどいもので、あらかぶさんの、労働者としてのキャリアには何の「得」にもならなかっただろう。生まれ故郷の気風で、と謙遜するあらかぶさんの思いと、東電のとった対応との落差はあまりにも大きい。

## あらかぶさん裁判の争点

ところで、裁判の争点自体は極めて単純である。あらかぶさんの被ばく労働と白血病の因果関係があるかないかに尽きる。予想どおり東電は因果関係を否定してきた。

ただ、提訴から1年が経過したが、現在の段階では、まだ具体的なやりとりになっていない。裁判所としては、実際の被ばく線量は記録よりも多いと原告側が主張していることもあり、被ばく管理のあり方について、もう少しきちんと理解をしたいとして、資料等を東電に求めている。また東電には、因果関係を否定する理由として、被ばく線量が低いこと以外の主張をするのかしないのかも尋ねているが、明確な回答をしておらず、これからカルテなどの医学的な資料に基づいて、東電が何らかの主張をしてくることも考えられる。まだ双方の主張の整理の段階で、裁判で証拠をぶつけあうような、具体的な争点は、まだ明らかになっていない。

## あらかぶ裁判の意義と課題

裁判所での意見陳述の最後に、あらかぶさんは裁判を起こした理由を語ったが、東電に対して自分にお金を払えとは一言も語らなかった。東電に対して、「自分の責任としっかりと向き合ってほしい」「国が労災と認めているのに東電は知らないという言い分は許せない」「なんとか事故を収束させたいという現場労働者の思いにこたえるような労働環境を用意してほしい」とまとめた。そして、裁判官に対しては「原発で働く労働者の声に耳を傾けて正義を実現していただきたい」と述べた。まさにこれが裁判の意義である。

裁判を始めた頃、あらかぶさんは人前に出るのは苦手だということで、集会でも発言を求めると、とても嫌がってきた。ところが最近は、支援を広げるために、学習会や集会に行くのはどうかと会議で尋ねると、「どこにでも行きますよ」と語る。裁判に勝つこと、あるいは知ってもらうことは、必ずしも自分や家族のためだけではなく、むしろ今日も福島で収束作業に従事する多くの労働者に対する責任だという。もちろん訴訟は勝たねばならない。そして勝つためにも多くの人に知ってもらう必要がある。たとえば、あるアスベスト労災の裁判では、50年近く前の自動車整備工場の実態について立証する必要があった。いろいろ活動をする中で、なんと四十数年ぶりに当時の同僚と連絡がとれて、その方々は、会社以上に証拠を探し出し、裁判でも証人に立ってくれて、訴訟は勝利した。

冒頭で述べたとおり、誰もしてこなかった原発被ばく労働による白血病労災裁判の意義はとてつもなく大きいし、勝つか負けるかは、どれだけの人たちがこの裁判を知って協力してくれるかにかかっていると言っても過言ではないと思う。

# 第4章

# 原発労働者の健康と安全の確保に向けて

この章では、私たち被ばく労働を考えるネットワークがこの7年間の取り組みの中で議論し、取り組んできた、原発労働者の健康と安全、権利確立に向けての課題と提起をいくつか提示したい。福島原発事故後の収束・廃炉作業で起こった問題を念頭に置いているが、それは事故後に社会的関心が集まる中で問題が顕在化しただけであって、その本質は通常の原発労働でも共通することであると考えている。

## 原発労働者・放射線業務従事者を健康管理手帳の発行対象に

労働安全衛生法第67条に基づき、ある職種についた労働者に対しては退職後に国が「健康管理手帳」を発行し、年1回ないし2回の健康診断を無料で受けることができるという制度がある。福島労働局のサイトには「健康管理手帳とは」として以下のような説明がある。

「がん、じん肺、中皮腫のように発病までの潜伏期間が長く、また、重篤な結果を起こす疾病にかかるおそれのある人々に対して、これらの疾病の早期発見に努めてもらうため、健康診断を無料で受診できるよう交付する手帳のことをいいます」

この説明によれば、まさに被ばくによる晩発性障害の恐れがある原発労働者に当てはまる制度であると思うが、現在は粉塵作業、コークス、石綿、発がん性の薬品などを取り扱う仕事に従事した労働者が対象になっており、原発労働者など放射線業務従事者は含まれていない。

放射線被ばくによる発がん等の健康影響にはしきい値がなく、統計的に有意差が現れない低線量であってもそれに応じた影響があると考えるのが定説となっている。放射線防護に関する勧告を行う国際学術組織である国際放射線防護委員会（ＩＣＲＰ）も、しきい値がないことを前提としてリスクの存在を論じており、一般公衆で1年につき1ミリシーベルトなどの被ばく限度を定めるよう勧告しているのである。それよりはるかに多い被ばくを余儀なくされる放射線業務従事者は、そのぶん明らかに発がんリスクは上昇するのであり、そこへの対応が必要なのは他の有害物と同様なはずだ。

年単位の潜伏期間を経ることで本人・事業者とも記憶・記録が曖昧となりがちな晩発性障害への対応を考慮し、すべての原発労働者にこの「健康管理手帳」を発行すべきである。私たちは、国との交渉の中で何度か放射線業務従事者をこの対象とするよう要求してきたが、厚労省の担当者は現行制度による健康管理を徹底すると言うのみで、発行対象としない理由も検討しない理由も示さない。

## すべての収束・廃炉作業労働者に無料の健康診断を

福島原発事故後の収束・廃炉作業の労働者は、平均して通常の原発労働者よりも多くの被ばくをしている。放射線影響協会が公表しているデータでは、原発事故前の放射線業務従事者の1年間の平均被ばく量は約1・2ミリシーベルトとされている。しかし表1に示したように、事故直後の1年間（２０１1年度）の平均被ばく量は、事故前の10倍かそれ以上になっている。

翌年から減少は見られるが、16年度に至っても、下請労働者の平均被ばく量は事故前の2倍以上である。なお最大被ばく量は、12年度以降は東電社員は徐々に下がっているが、下請労働者の場合は、東電が上限と設定している40ミリシーベルト前後が12年度から16年度まで続いている。

収束・廃炉作業労働者の健康管理に関して、厚労省の専門家検討会「東電福島第一原発作業員の長期健康管理に関する検討会」は11年9月に報告書を公表し、同省は翌月「東京電力福島第一原子力発電所における緊急作業従事者等の健康の保持増進のための指針」を策定した。その結果、同検討会の第1回の会合で言及されていた健康管理手帳を発行しての健康管理は、50ミリシーベルトを超える被ばくをした労働者への「特定緊急作業従事者等被ばく線量等記録手帳」の発行に限定された。また、国が行う健康診断は、50ミリシーベルトを超える被ばくをした労働者への白内障検査、100ミリシーベルトを超える被ばくをした労働者へのがん検診にとどまった。しかも対象は、基本的には11

**表1　収束・廃炉作業年度別積算被ばく線量**（単位：mSv）

| 年度 | 最大 | | 平均 | |
|---|---|---|---|---|
| | 東電社員 | 下請労働者 | 東電社員 | 下請労働者 |
| 2011* | 678.8 | 238.42 | 25.15 | 10.06 |
| 2012 | 54.1 | 43.3 | 4.49 | 5.90 |
| 2013 | 41.9 | 41.4 | 3.24 | 5.51 |
| 2014 | 29.5 | 39.85 | 2.30 | 5.29 |
| 2015 | 24.0 | 43.2 | 1.85 | 4.52 |
| 2016 | 11.85 | 38.83 | 1.03 | 2.50 |

＊2011年3月を含む。
（東電発表データをもとに作成）

年12月16日の野田首相（当時）「冷温停止宣言」までの間に収束作業に従事した労働者（特定緊急作業従事者）に限られる。50ミリシーベルト以下の被ばくをした労働者には登録証は交付されるが、一般的な健康診断を各事業所や個人が行い、データベース作成のためにその結果を国に報告すること を推奨する、といったものだ。

このような制限により、何人の労働者が国による健康診断の対象となり、何人が「足切り」にあうのだろうか。事故後5年間での被ばく線量の分布と特定緊急作業従事者の数を表2に示す。全労働者約4万7000人中、国による検診が受けられるのはわずか904人にすぎない。しかも、50ミリシーベルト超の被ばくをした2020人もの労働者、さらに100ミリシーベルト超の被ばくをした7人の労働者が、国の責任による健康診断から「足切り」されたのだ。さらに、事故後5年

**表2　原発事故直後から5年間の労働者の被ばく線量の分布と特定緊急作業従事者の人数**

| 区分（mSv） | 2011.3〜2016.3 | | | 特定緊急作業従事者（人）※2 |
|---|---|---|---|---|
| | 東電社員 | 下請労働者 | 計（人） | |
| 100超え | 150 | 24 | 174 | 167 |
| 50超え〜100以下 | 648 | 2109 | 2757 | 737 |
| 50以下 | 3914 | 40111 | 44025 | 18604 |
| 計 | 4712 | 42244 | 46956 | 19508 |
| 最大（mSv） | 678.8 | 238.42 | 678.8 | |
| 平均（mSv） | 22.43 | 11.75 | 12.83 | |

※1　被ばく線量は、外部被ばくと内部被ばくを合算した実効線量。
※2　特定緊急作業従事者の人数は、2014年11月に報告された数。
（東電と厚労省のデータから作成）

の管理の区切りを越えた16年4月から17年12月までの間には、1万8348人の労働者が福島第一原発で働き13人が50ミリシーベルト超となっている。就業状況や被ばく量にもよるが、彼らの多くは健康診断の対象にはなっていない可能性が高い。

原発事故から7年を目前とした18年1月になっても原子力緊急事態宣言は解除されておらず、今も福島第一原発は特定高線量作業が行われ得る環境である。労働者が先述のような過酷な被ばく環境で、国家的危機と言って過言でない福島第一原発の事故収束・廃炉作業に従事しているにもかかわらず、国の態度は極めて冷淡・無責任だと言わざるを得ない。

## 特例緊急被ばく限度250ミリシーベルトの撤廃

福島第一原発事故を受けて2013年9月より全原発が停止していたが、15年8月、九州電力・川内原発1号機が再稼働した。これに先立つ14年7月の原子力規制委員会では、緊急作業における被ばく限度の引き上げの検討作業を始めた。原発の安全神話が崩れた今、規制委員会も過酷事故の可能性を否定していない。それでも再稼働を進めるにあたり、住民の避難計画を作成させるとともに、緊急作業労働者の上限引き上げを法令上で規定する必要があったのだ。

14年12月26日から厚労省は「東電福島第一原発作業員の長期健康管理等に関する検討会」を開催。同検討会は、15年5月1日に発表した報告書で新たな枠組み「特例緊急作業従事者」を設定し、緊急作業時の被ばく上限の250ミリシーベルトへの引き上げ（特例緊急被ばく限度）

に合意した。また、5年で100ミリシーベルトを超える被ばくをしても年5ミリシーベルト上限の通常業務を可能とし、生涯被ばく1シーベルトによる管理の導入にも言及している。国は検討会の答申を受けて15年8月、電離放射線障害防止規則を改正し、さらに「東京電力福島第一原子力発電所における緊急作業従事者等の健康の保持増進のための指針」を「原子力施設等における緊急作業従事者等の健康の保持増進のための指針」へと改定、福島第一原発の収束作業から全国の原発へとこの「特例」対象を広げた。これらは16年4月に施行された。

私たちは、この特例緊急作業従事者の設定や特例緊急被ばく限度は国際基準や労働諸法に違反していると考えており、廃止するよう求めている。「電離放射線に対する防護と放射線源の安全のための国際基本安全基準(BSS)」では、緊急作業従事者は想定されるリスクを明示され必要な訓練を受けた「志願者」とされている。しかし、今回設定された特例緊急作業従事者は、原子力事業者により原子力防災要員として指定されて労働契約を締結した者がなるとされており、電力会社社員や委託事業者の労働者がそれに当たる。本来は、実際に事故が発生した場合、その状況に即して作業のリスクを伝え、その上で本人の意志による志願が必要であるが、そのような規定のない「特例緊急作業従事者」は業務命令で業務を行う労働者であり、BSSによる「志願者」の定義から外れている。労働安全衛生法第25条は労働災害発生の危険がある作業場から労働者を待避させることを事業者に義務づけており、労働者を緊急作業に就かせるのは矛盾している。また、緊急作業への従事を拒否したことによる不利益があってはならないが、その問題は無視されている。さらに、改正電離則には緊急作業従事者への特別教育・訓練の義務規定もないことが問題だ。

この特例緊急作業の規定を導入した今回の法改正は、労働者の安全や放射線防護の原則をないがしろにしている。とにかく原発再稼働のために、事故が起こっても対応可能とする形式を整えようとしただけの、政治事情と経済性が優先されたものと言わざるを得ない。ひとたび過酷事故が起これればそのツケを労働者に負わせ、労働者本人の意志や教育・訓練の程度などお構いなしに大量被ばくをさせることに、法的お墨付きを与えたのだ。

原発の過酷事故では、緊急作業員が映画「K－19」（キャスリン・ビグロ監督、2002年）にあるような決死隊として突入することを、恐ろしくて考えたくもないが考えなければならず、それを想定した緊急作業の体制と訓練、準備をしなければならない。それが原発を稼働するということなのだ。その恐ろしい事実に向き合わず法改正した国と、再稼働を推進し決死隊も必要なら投入するつもりの電力会社。彼らは労働者の命を何だと思っているのか。

## 被ばく管理の義務主体の統一と国による一元管理を

放射線被ばくを規制する法律のうち、原発に適用される法律は二つある。一つは炉規法（核原料物質、核燃料物質及び原子炉の規制に関する法律）で、現在は原子力規制委員会が所掌している。同法は発電用原子炉設置者に対して「保安のための必要な措置」を講じることを義務づけ、実用炉規則（実用発電用原子炉の設置、運転等に関する規則）で被ばく線量の測定、記録、保存、被ばく限度などの義務を定めている。ただ同法は行政法であり、許可という権限行使によって原子炉設置者に対し被ばく管理の義務を強制しているので、個々の違法行為について刑事罰を科すような規定には一部を除きなっていない。

もう一つは厚生労働省が所掌している安衛法（労働安全衛生法）で、労働者の労働災害職業病を防ぐための規制がこの法律で定められ、事業者に対して必要な措置を講じることを義務づけている。違反者に対しては、6カ月以下の懲役または50万円以下の罰金という刑事罰に処することになっている。「必要な措置」を詳細に定めている省令が電離則（電離放射線障害防止規則）で、その中で被ばく線量の測定、記録、保存、被ばく限度などの措置を事業者に義務づけている。同法で「事業者」は「事業を行う者で、労働者を使用するもの」と定義されている。

このように炉規法と安衛法では義務を負わせる対象が異なっており、前者は電力会社で後者は雇用業者とされている。被ばく管理の義務主体が統一されていないことは、労働者の被ばく防護に対する責任を曖昧にしている。11年12月、福島第一原発の収束作業で線量計に鉛板を被せて被ばく線量を低く見せかける事件が起こったが、安衛法違反として下請会社と社長は刑事罰を受けた一方、元請け・上位会社・電力会社への法的処分はない（発注者・東京電力が元請け・東京エネシスに対し、3カ月間の指名競争入札への参加資格停止処分を行った）。あらかぶさんの裁判においても、東電はあらかぶさんの労災に自らに責任はないと主張している。

また、被ばく記録はまず直接雇用する事業者が行い、それを一定期間後まとめて電力会社に報告するという形になるため、全体の被ばく状況の管理を原子炉設置者はリアルタイムではできないという問題がある。全体の被ばく線量の低減化を計画的に進めるのは原子炉設置者にしかできないことであり、安衛法上の義務が及ばないのはある意味決定的ともいえる。厚生労働省は「原子力施設における放射線業務及び緊急作業に係る安全衛生管理対策の強化について」（基発0810第1号平成24年8月10日）を示し、「原子力事業者」にすべての放射線業務従事者の安全衛生管理を主導させるべく、詳細な措置の実施を求めているが、あくまで行政指導の範疇に属するもので法律上の責任が問われることはない。炉規法と安衛法の義務主体を一致させる法改正こそが必要である。

一方、労働者の被ばく線量記録は、炉規法に基づいて原子炉設置者が記録し、5年間保存した後に国が指定した機関（現在は放射線影響協会）に引き渡している。すなわち、国が直接管理しているわけではない。「原子力放射線業務従事者被ばく線量登録管理制度」は国の制度ではなく、あくまで原子力事業者と原子力関連元請事業者を中心とする制度参加事業者などの業界が運用しているもので、「放射線管理手帳制度」は放射線影響協会内に設置された放射線従事者中央登録センターが業界と協力関係の下で運用している。つまり、労働者が持っている放射線管理手帳は言わば業界内手帳なのだ。このような手帳ではなく、国が法的に定めた手帳を発行し、責任を持って労働者の被ばく管理を一元的に行うべきだ。

原発での施工体系は重層下請構造となっているが、その集約は原子力事業者が行わねばならない。ところが安衛法上の義務が個々の事業者限りになっているなど、徹底した被ばく線量の低減策のような施策がとりにくい状況がある。被ばく管理の一元化をはじめとした制度改正を行うべきだ。

## 被ばく線量の上限や取り扱いの安全サイドへの変更

### ●被ばく限度

通常の放射線業務従事者の被ばく限度は、男性は実効線量で5年間に100ミリシーベルトを超えず、かつ1年間に50ミリシーベルトを超えないこと、女性は3カ月間に5ミリシーベルトを超えないこととされている。ただ、この「5年間」の始期は、その労働者が働き始めた日ではなく、事業者が管理しやすい形で事業場ごとに定めてよいことになっており、1年間の始期は5年間の始期に合わせることになっている。3・11福島第一原発事故の収束・廃炉作業の5年間は、事故直後から2016年3月末までとされており、翌月からまた新たに0ミリシーベルトから5年間の累積線量の計算が始まる。しかしこの管理方法では、短期間に多くの被ばくをすることが容認されてしまう問題がある。極端な例では、16年3月31日に1年分の50ミリシーベルトまで被ばくし、翌日の4月1日に50ミリシーベルトの被ばく（計2日間で100ミリシーベルトの被ばく）をしても、違法ではない。これは放射線防護の観点からも、労働者の安定雇用の観点からも問題がある。

フランスでは、放射線業務を行う労働者の直前12カ月の被ばく量の合計が20ミリシーベルトを超えないこととされている。日本の制度もフランスのように短期間の大量被ばくを防ぐ形に改正すべきだ。また、年間50ミリシーベルトという基準は、かつて一般公衆の線量限度が5ミリシーベルトであった時代にその10倍として設定されたもので、現在の一般公衆の被ばく限度がかつての5分の1である1ミリシーベルトに改正されている状況で、50ミリシーベルトの線量限度に根拠はない。年間20ミリシーベルト、あるいは労働者の被ばく上限も5分の1の10ミリシーベルトにすべきだ（その場合は5年で50ミリシーベルトが上限となる）。

## ●内部被ばくの測定方法

内部被ばくの測定方法と評価は電離則に具体的な記載がなく、「厚生労働大臣が定める方法」とされている。原発労働者の場合、ホールボディカウンター（ＷＢＣ）により体外に透過したガンマ線を計測し、測定されたカウント数を実効線量に換算している。線量は一定以上の数値で記録しているが、その記録レベルは1〜2ミリシーベルトの間で決めてよいとされている。除染労働者の場合は国の指定で記録レベルは1ミリシーベルトであるが、東電は2ミリシーベルトを記録レベルとしており、それ以下であれば記録せず「被ばくなし」とみなされる。そもそもＷＢＣによる計測は誤差が25％程度あると考えられており、数値が2ミリシーベルト以下でも記録すべきである。また、ガンマ線の測定しかせず、アルファ核種、ベータ核種はガンマ線を放出するセシウムなどに比べ少量であるとして無視されているが、内部被ばくで深刻なのはアルファ線、ベータ線による被ばくであり、現在の内部被ばくの評価は不十分であると考えている。作業環境からアルファ核種、ベータ核種の存在を推定するためにも、ガンマ線による被ばく量は少量でも記録すべきである。

●線量計の装着について

線量計をいつ着けるかについても、とくに福島第一原発の収束・廃炉作業では問題がある。一般には業務上の被ばくを計測するとして、業務時間のみ線量計を装着して被ばく量を計測している。以前の福島第一原発の収束作業では、Jヴィレッジに線量計を保管し、Jヴィレッジから福島第一に向かう際に線量計を着け、再度Jヴィレッジに戻った際に外す業者が多くあった。しかし、本来宿舎を出たところからが通勤であり、その間も計測すべきである。宿舎のある事故後の福島県浜通りは、放射線管理区域と指定される基準（3カ月で1・3ミリシーベルト）を超える地域も多いので、それは決して無視できない。また、遠方から収束作業のために福島に来た労働者は、業務外の時間でもその業務のために生活し被ばくしており、他所で別の仕事をすれば受けない被ばくであるのだから、宿舎にいる時間帯などの生活時間の被ばくも考慮されるべきだ。

## 労災認定対象疾病の例示の拡大と基準の変更

被ばく線量登録管理制度への労働者の登録数は、２０１7年3月末で約64万人となっている。そして、原発作業での被ばくによる労災は福島原発事故以前で13人、収束・廃炉作業で４人が認定されており、核燃料工場ではＪＣＯ臨界事故での3人がいる（２０１8年1月段階）。認定数がこれだけしかないのは原発労働が安全であるからではない。そもそも晩発性障害は業務との因果関係が証明しにくい上、認定条件のハードルが高いため、労災申請自体を断念している人が少なくない。また、被ばく労災が疑われる場合でも、電力会社と雇用業者が見舞金を払って示談にすることで、申請が行われなかったケースを数多く耳にしている。これらを改善し、被ばく労災をきちんと労災として扱い、曖昧な示談やもみ消しを許さないことが重要である。

まず、例示されている対象疾病が少ないことが大きな問題である。第2章で詳説されているように、労働基準法施行規則に列挙された7種のがん以外でも、放射線被ばくによる発がんリスクの上昇は報告されている。また、がん以外の疾病でも、心臓疾患、肝臓障害、腎臓病、甲状腺疾患などは、原発労働者やチェルノブイリ被災者に多く発症している。その中には、原爆被爆では認められている疾病もある。しかし、対象疾病の例示にないことから、それらの疾病では労災申請をしづらい状況にある。厚労省は、労働者に負担となる労災申請を待つのではなく、国の責任として自ら積極的に対象疾病の見直し・拡大に取り組むべきだ。厚労省の委託調査研究「業務上疾病に関する医学的知見の収集に係る調査研究」（13年3月、三菱総研）でも調査対象となっているのは、がんと循環器系疾患、白内障のみである。

各疾病における認定基準については、労働省労働基準局通達「電離放射線に係る疾病の業務上外の認定基準について」（基発第810号、1976年）があり、いくつかの疾病には「相当量の被ばく」とされる線量が記載されており、事実上の線量基準になっている。厚労省は国連科学委員会（UNSCEAR）の報告書を根拠に、白血病以外では100ミリシーベルト未満の被ばくによる労災申請を却下する傾向にある。しかし、これらは100ミリシーベルト未満での発症について疫学的研究からは明らかでないとしているだけであり、発症の可能性が否定されている訳ではない。

わずかな被ばくでも晩発性障害のリスクとなると考えられて線量管理が行われている以上、労災認定に線量基準を導入すべきではない。認定基準を示した前述の通達では、白血病に関して、年平均5ミリシーベルト以上、被ばくからの潜伏期間1年以上を基準としているが、この5ミリシーベルトとは当時の一般公衆被ばく限度であり、一般公衆限度以上の被ばくを業務で受けて白血病を発症すれば基本的に認める、ということにほかならない。たとえば、フランスの職業病認定制度では電離放射線による職業病の認定に線量基準はない。また、因果関係についても、被ばくと発病の因果関係を証明することは困難であることから、疾病と核サイトにいたこととの間に関連を認める「推定原則」が用いられ、可能性がある場合は本人が因果関係を証明できなくても認定される。

晩発性障害はわずかな被ばくでもリスクを生じるのであり、無補償の労災被災者をつくらない、一人の労働者にも不利益を負わせないという観点を考えれば、線量基準に類するものを導入すべきではない。

## 労災に対しては原賠法の趣旨に基づく損害賠償を

被ばく労災による被害を受けた労働者は、労災が認定されれば労災補償が行われるが、その内容は療養補償給付や休業補償給付などで、失ったものや本来得られるもの（の一部）が補塡されるに過ぎない。実際、災害による肉体的・精神的苦痛、家族と過ごす豊かな時間やさまざまな社会生活の機会の喪失など、労災保険では補われない被害が多すぎる。その場合は損害賠償請求という方法がある。一般に労災では雇用業者などに請求するのに対して、被ばく労災の場合は原発被災者（住民）への賠償と同様に、原子力損害の賠償に関する法律（原賠法）に基づき原子力事業者に請求することになる（第2章参照）。そして、電力事業者が賠償を認めなければ、民事裁判に訴えることになる。

これまで被ばく労災による損害賠償請求裁判には、1974年提訴の岩佐訴訟（被告：日本原電）と2004年提訴の長尾訴訟（被告：東電）があり、いずれも原告敗訴となった（第3章参照）。因果関係の判断に「高度の蓋然性」を要求することは、確率的影響による被ばく労災では、事実上被害者への損害賠償を否定することである。「一人も泣き寝入りさせない」ことが原賠法の趣旨であるならば、これは同法の趣旨に反する。このような問題に対して、国・裁判所は解決をすべきである。少なくとも、労災が認定されている場合は、損害賠償請求裁判で改めてその業務上外を争点とするべきではない。フランスでも業務上職業病としての認定とそれを超える損害賠償請求裁判があるが、一度認定された職業病の認定が改めて争点になることはない。

## 工程優先ではなく安全優先のロードマップ・作業スケジュールに

福島原発事故以前より原発の定期検査においては、運転を一日も早く再開したい電力会社の意向により、年々作業日程が短くなり、徹夜の作業や検査の簡略化などが問題にされていた。事故後の収束・廃炉作業において、ロードマップや作業工程が優先されて安全管理がないがしろにされ、労災や死亡事故が頻発したのは、決して事故後の混乱によるものではなく、もともとの原発事業の体質によるものだ。

収束作業での労働実態を示す典型的な労働災害は、2014年3月28日に発生した基礎杭補修作業における土砂・コンクリート下敷き死亡事故である。補修のため基礎の下を掘り進めていたところ土砂と壊れた基礎が落下し、下請労働者の安藤堅さんが下敷きになって亡くなった。土砂崩落を防ぐ支柱と梁はなく、作業スペースは狭い上に土留めは不十分で、一人だけで壊れた基礎の下に潜って掘削を行うなど、あまりに簡易的な形でこの危険な作業が行われていた。この作業の元請業者・東双不動産は東電の100％子会社であり、東電の責任は重い。しかも、東電が双葉消防本部に救急車の要請をしたのは事故発生から50分後だった。

また、同年11月7日には、汚染水タンクの増設作業中に390キロの旋回梯子レールの鋼材が落下し、隣のタンクの足下で水漏れ防止堰の工事をしていた労働者3人がその直撃を受けて骨盤骨折を含む重軽傷を負った。この事故の1カ月半ほど前にも汚染水タンク増設区域で鉄パイプ落下事故が起きており、このような危険作業の横で別作業が行われること自体が信じがたい。重軽傷を負った労働者の元請けは東京パワーテクノロジー（東電100％子会社）であり、この事故においても東電の責任は極めて重い。また、この事故の後も、一つのタンクの溶接作業を同時に上下で行っているなどの危険作業の実態が、労働者から福島労働局に告発されている。

これらの原因を東電の体質のみに求めるのではなく、政治的なスケジュールにより誘発されていることも指摘しなければならない。13年9月7日の第125次IOC総会において、安倍首相は「福島についてお案じの向きには、私から保証をいたします。状況は統御されています」と演説して東京オリンピックを招致し、さらに同月20日に福島第一を視察して汚染水対策を急ぐよう直接指示した。これによって非常に現場が急がされることになったと、私たちが相談を受けた複数の労働者が話している。

工程優先の作業が行われた結果、15年1月19日に福島第一原発で、20日には第二原発で死亡労災事故が起きている（42頁参照）。前者はタンクの点検作業中に元請けの労働者がタンク天井から内部に落下し亡くなった事故で、後者は廃棄物濃縮装置の点検作業中に点検器具に頭を挟まれて亡くなった。さらに同年8月8日には、凍土遮水壁の造成工事に使用したバキューム車の内部を清掃していた労働者が、タンクの蓋に挟まれて亡くなった。

このように14年から15年にかけて労災死亡事故が連続発生したことにより、東電は安全よりも行程優先だったことを認め、国・東電によるロードマップは見直しが行われた。だが、早く復興を進め住民を帰還させたい政府・東電の意向に加え、東京オリンピック招致や選挙といった政治スケジュールのために現場は急かされ、それが安全軽視や過重労働となっている。

ただでさえ、原発では通常の労働現場よりも装備の負担が大きく作業しにくいために、体力の消耗は激しい。全面マスクは視界が悪い上に息苦しく、マスク内には多量の汗がたまるが、休憩所以外では外すことはできない。現場で働く時間は短くとも、入退域や通勤に時間をとられて拘束時間が長い。通常の労働現場よりもゆとりのある労働・生活環境が必要だ。

まず、そこで働く労働者の命と健康を第一に考えて作業方針や内容、工程を作成すべきだ。どの労働現場でも当たり前に掲げられる「安全第一」の徹底が、原発にこそ求められている。

## 総合的な工程管理と現場における被ばく防護対策の徹底

先述の旋回梯子レールの落下事故などは、複数の作業が隣接して行われることを放置したことで起こっており、構内の総合的な工程管理がなおざりにされていると考えざるを得ない。他にも、私たちが聞き取りをした労働者の話からは、構内作業の調整や労働者への周知にいくつもの問題が感じられる。２０１３年11月18日から4号機の使用済み燃料プールの燃料が搬出された際は、燃料やキャスクが落下した場合の危険性などが指摘されていたが、すぐ横のＧエリアで汚染水タンクの作業をしていた労働者にはその作業の日程などは伝えられておらず、緊急時の指示などもなされていなかった。下請業者や労働者は分割発注された担当業務しか伝えられていない上、それらを総合的に管理する体制が不十分であると言わざるを得ない。

こういった問題は、現場の混乱による事故の発生のみならず、無用な被ばくをすることにもつながる。汚染水タンクの作業に従事した労働者の話では、自分の作業を指示されて現場に行ったところ、別の業者による別作業が行われていて何もできず、かと言って戻ることもできないので、現場で何もせず無駄な被ばくをしたという訴えがあった。

原発における安全優先には、単に事故を起こさないというだけではなく、被ばく防護が含まれる。作業において工程よりも被ばく防護が優先されなければならず、事業者は被ばくを防ぐための手段を講じなければならない。たとえば、遮蔽ベストの用意や利用などは各元請けに任されているようなところがあり、被ばく労災損害賠償裁判の原告・あらかぶさんが従事した4号機原子炉建屋カバーリング工事（元請け：竹中工務店ほかJV）では、作業員40～50人に対して遮蔽ベストは20着程度しかなく、常時足りずに早い者勝ちだったという（12頁参照）。しかも、どのベストも古く破損しており、養生テープを巻いて留めることもあった。電離則では事業者に労働者の被ばく対策を義務づけているが、遮蔽ベストのなどの使用基準を決め、雇用業者・元請け・電力事業者に対して作業現場の環境に合わせた準備を義務化すべきだ。

## 違法業者の取り締まり強化と重層下請構造の撤廃

福島労働局が行う廃炉作業を行う事業者に対する監督指導結果では、11年に監督実施を行った事業者のうち74・5％の事業者に労働基準関係法令違反があり、17年上半期の監督実施でも39・7％の事業者に法令違反があった。とくに、労働条件の明示、定期・割増賃金の支払い、法定労働時間、就業規則の作成・届出、賃金台帳の作成、元請の下請に対する指導、といった項目での法令違反が多い。除染作業を行う事業者の違反率はさらに高く、13年上半期で68・0％、17年上半期で54・9％の法令違反が報告されている。

原発労働者は使い捨てが当たり前とみなされ、容易に交換可能な労働力として扱われており、労働者の権利がないがしろにされている。下請労働者は建設業と同様の重層下請構造の末端に組み込まれ、多いときには六次、七次下請けという場合もある（電力会社は二次下請けまで、多くても三次までしか認めていない)。労働者を使うには都合のよいシステムだろうが、このような重層下請構造が違法・不正の温床となっている。

建設業では、重層下請構造により雇用関係や労働条件が不明確で雇用が不安定であること、労働災害や賃金不払いが多く発生していることから、「建設労働者の雇用の改善等に関する法律(建労法)」および「労働者派遣事業の適正な運営の確保及び派遣労働者の保護等に関する法律(労働者派遣法)」で派遣業務が禁止されている。原発でも同様の雇用構造にありながら、事実上の派遣業務が行われている。

建設業や造船業の元請けは労働安全衛生法第30条の特定元方事業者とされ、下請けの事業者との協議組織の設置や作業場所巡視など、連絡調整の義務が課される。また、同様の連絡調整の義務は、構内請負構造がもはや普通になっている製造業でも課されるようになった(同法第30条の2)。現行では発注者にすぎない電力会社に、せめて建設業や製造業のように連絡調整の義務ぐらいは課すべきだ。また、建設・造船同様に派遣事業を禁止するとともに、下請業者の労働法違反には上位業者や元請業者に対しても摘発・指導を行い、電力事業者にも解決の責任を負わせるべきである。このような取り組みを進めることで、原発における重層下請構造の根本的転換が求められる。

これらの雇用関係・労働条件の改善とともに、雇用の安定と十全な健康管理・治療が進められるべきだ。労働者やその親族の多い福島の人たちからは、労働者の公務員化や生涯の健康診断を求める声が少なくない。既存の法人における安全管理のずさんさや公務員の労働条件の悪化を考えたとき、公務員化が必ずしも労働者の労働条件の改善や生活・安全を保障するとは言えない。しかし、少なくとも現在の東電は、内閣府政策統括官下の担当室が所轄する認可法人である原子力損害賠償・廃炉等支援機構が株式の約55％を持つ事実上の国営企業であり、労働者の安全と被ばく上限に達した労働者を含む雇用の安定には国も責任を持つべきである。

現場レベルの改善点や行政施策の問題を細かく言えばきりがないが、ここではとくに構造的問題に注視して列挙した。私たちは今後も労働者自身の主体性を尊重しつつ労働者の個別労働問題に取り組むとともに、それが構造的問題の解決につながる運動を展開していきたいと考えている。

（なすび）

＊この原稿の一部には、高木仁三郎市民科学基金２０１７年度国内助成研究課題『原発労働者の労働安全・補償制度と被曝労働災害の実態に関する国際調査』による成果が含まれています。この紙面において同基金に感謝いたします。

# ◎ 被ばく労働を考えるネットワークの書籍 ◎

## 『原発事故と被曝労働』 さんいちブックレット 007

本体価格 1000 円+税　ISBN 978-4-380-12806-6

**樋口健二氏推薦！**

**「3･11」後の被ばく労働の実態―深刻化する収束・除染作業、拡散する被ばく労働現場からの報告！**



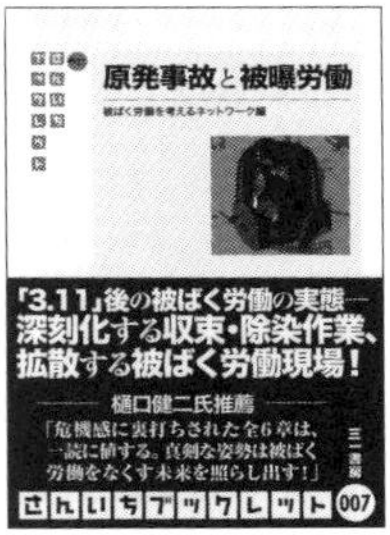


## 『除染労働』 さんいちブックレット 009

本体価格 1000 円+税　ISBN 978-4-380-14800-2

**除染労働の問題は、原発事故後も放置されたままの、この国の産業と労働に横たわるものだ。**

## 被ばく労働を考えるネットワーク

3.11福島原発事故を契機に、被ばく労働問題に取り組むために集まった個人のネットワーク。約1年の準備会の活動を経て2012年11月に正式発足。原発や除染をはじめ清掃や運送など、被ばく労働に従事する労働者の権利と安全のために取り組みを行う。具体的には、労働相談や生活・医療相談、労働者への情報提供、労働組合や他の関連団体と協力した労働争議や国や企業への申し入れ・交渉、被ばく労災損害賠償裁判の支援（あらかぶ裁判、2016年11月～）、被ばく労働問題国際調査研究（高木基金助成研究、2017年4月～）など。また、このネットワークを母体として被ばく労働者のための労働組合の設立も準備している。

編著に『原発事故と被曝労働』（さんいちブックレット、2012年）、『除染労働』（さんいちブックレット、2014年）がある。

http://hibakurodo.net/

〒111-0021　東京都台東区日本堤1-25-11　山谷労働者福祉会館気付

電話：090-6477-9358（中村）　E-mail：info@hibakurodo.net

郵便振替口座：00170-3-433582

口座名：被ばく労働を考えるネットワーク

（〇一九＝ゼロイチキュウ　当座0433582）

# 原発被ばく労災
## 拡がる健康被害と労災補償

2018年6月5日　　第1版第1刷発行

編　　者　被ばく労働を考えるネットワーク　©2018年

発 行 者　小番 伊佐夫

印刷製本　中央精版印刷

編　　集　杉村 和美

装　　丁　Salt Peanuts

Ｄ Ｔ Ｐ　市川 九丸

発 行 所　株式会社 三一書房

〒101-0051 東京都千代田区神田神保町3-1-6

☎ 03-6268-9714

振替 00190-3-708251

Mail: info@31shobo.com

URL: http://31shobo.com/

ISBN978-4-380-18009-5 C0036

Printed in Japan

乱丁・落丁本はおとりかえいたします。

購入書店名を明記の上、三一書房までお送りください。

## 執筆者プロフィール

**西野 方庸**（にしの・まさのぶ）　第2章、第3章

1955年生まれ。学生時代の1976年、岩佐訴訟を支援する会の活動に加わったことをきっかけに、労災補償や労働現場の安全衛生対策に取り組む。1988年より関西労働者安全センター事務局長。労働者の側から幅広く労働安全衛生をめぐる課題に取り組んでいる。

**嶋橋 美智子**（しまはし・みちこ）　第3章

1937年生まれ。横須賀市在住

1991年10月20日　長男伸之を慢性骨髄性白血病で失う

1993年5月6日　磐田労働基準監督署に労災申請

1994年7月27日　労災認定

**藤田 祐司**（ふじた・ゆうじ）　第3章

1952年生まれ。日野市在住

1994年2月　小冊子『浜岡からの手紙』発行

1994年5月～2009年9月　ミニコミ紙『浜岡からの手紙』発行。第69号で休刊

現在、『ミニコミ図書館ブログ』名でブログをインターネットに配信中

**川本 浩之**（かわもと・ひろゆき）　第3章

1968年奈良県生まれ。チェルノブイリ原発事故があった1986年秋から反原発運動に関わる。非特定営利法人神奈川労災職業病センター事務局長。ひとりでも入れる地域の労働組合「よこはまシティユニオン」や、アスベスト被災者や遺族で構成する労働組合「アスベストユニオン」にも参加。趣味はサッカー、マラソン、ライブに行くことなど。

**渡辺 美紀子**（わたなべ・みきこ）　第3章

チェルノブイリ原発事故後、1987年から原子力資料情報室スタッフとなる。食品の放射能汚染、放射線被ばくの健康影響、労働者の被ばく問題など担当。2015年3月に退職後、被ばく労働を考えるネットワークで活動。

**池永 修**（いけなが・おさむ）　第3章

弁護士、原発労災梅田裁判弁護団事務局

福島第一原発事故を受け、玄海原発の稼働差止を求めて「原発なくそう！九州玄海訴訟」の弁護団に参加したことをきっかけに、梅田隆亮さんの労災認定を求める原発労災梅田裁判、九州への避難者への損害賠償を求める福島原発事故被害救済九州訴訟の弁護団に加わる。

**なすび**　第4章

1964年川崎市生まれ。福島は母方の故郷。1986年より山谷で日雇労働者や野宿者の支援活動に参加、山谷労働者福祉会館活動委員会。3.11原発震災後に『被ばく労働自己防衛マニュアル』を制作、福島原発事故緊急会議被曝労働問題プロジェクトを経て、被ばく労働を考えるネットワークの立ち上げに参加。

# 巻 末 資 料

**【資料１】**

**労働基準法施行規則第35条　別表第1の2**（放射線被ばくによる疾病にかかる部分を抜粋）

二　物理的因子による次に掲げる疾病

　5　電離放射線にさらされる業務による急性放射線症、皮膚潰瘍等の放射線皮膚障害、白内障等の放射線眼疾患、放射線肺炎、再生不良性貧血等の造血器障害、骨壊死その他の放射線障害

七　がん原性物質若しくはがん原性因子又はがん原性工程における業務による次に掲げる疾病

　13　電離放射線にさらされる業務による白血病、肺がん、皮膚がん、骨肉腫、甲状腺がん、多発性骨髄腫又は非ホジキンリンパ腫

十一　その他業務に起因することの明らかな疾病

---

**【資料２】**

**電離放射線障害の類型について**

「電離放射線に係る疾病の業務上外の認定基準について」（昭和51年11月８日、基発第810号）

１　急性放射線障害

　比較的短い期間に大量の電離放射線に被ばくしたことにより生じた障害をいい、これに該当するものは、次のとおりである。

　(1) 急性放射線症（急性放射線死を含む。）

　(2) 急性放射線皮膚障害

　(3) その他の急性局所放射線障害（上記 (1) 及び (2) に該当するものを除く。）

２　慢性的被ばくによる電離放射線障害

　長時間にわたり連続的又は断続的に電離放射線に被ばくしたことにより生じた障害をいい、これに該当するものは、次のとおりである。

　(1) 慢性放射線皮膚障害

　(2) 放射線造血器障害（白血病及び再生不良性貧血を除く。）

３　電離放射線による悪性新生物

　電離放射線に被ばくした後、比較的長い潜伏期間を経て現われる悪性新生物をいい、これに該当するものは、次のとおりである。

(1) 白血病
(2) 電離放射線の外部被ばくによって生じた次に掲げる原発性の悪性新生物
イ　皮膚がん
ロ　甲状腺がん
ハ　骨の悪性新生物
(3) 電離放射線の内部被ばくによって生じた次に掲げる特定臓器の悪性新生物
イ　肺がん
ロ　骨の悪性新生物
ハ　肝及び胆道系の悪性新生物
ニ　甲状腺がん

4　電離放射線による退行性疾患等

上記1から3までに掲げる疾病以外の疾病で、相当量の電離放射線に被ばくしたことによって起こり得るものは、次のとおりである。

(1) 白内障
(2) 再生不良性貧血
(3) 骨壊疽、骨粗鬆症
(4) その他身体局所に生じた線維症等

---

**【資料3】**

## 電離放射線に係る疾病の認定について

**「電離放射線に係る疾病の業務上外の認定基準について」(昭和51年11月8日、基発第810号)**

電離放射線に被ばくする業務に従事し、又は従事していた労働者に上記第1の「電離放射線障害の類型」のうち、急性放射線症、急性放射線皮膚障害、慢性放射線皮膚障害、放射線造血器障害(白血病及び再生不良性貧血を除く。)、白血病又は白内障が発生した場合で、これらの疾病ごとに以下に掲げる要件に該当し、医学上療養が必要であると認められるときは、白血病以外の疾病については、労働基準法施行規則別表第1の2第2号5、白血病については同別表第7号13に該当する業務上の疾病として取り扱う。

なお、以下に認定基準を定めていない電離放射線障害、認定基準を定めている疾病のうち白血病及び認定基準により判断し難い電離放射線障害に係る事案の業務上外の認定については、別添「電離放射線に係る疾病の業務起因性判断のための調査実施要領」により調査して得た関係資

料を添えて本省にりん伺されたい。

【解説】

電離放射線障害は、その現われる症状や性質は極めて複雑多岐であり、かつ、特異性がなく、個々の例においては他の原因により生ずる疾病との識別が困難なものが多い。

したがって、電離放射線障害に関する業務起因性の判断に当たっては、その医学的診断、症状のみならず、被災労働者の職歴（特に業務の種類、内容及び期間）、疾病の発生原因となるべき身体への電離放射線被ばくの有無及びその量等について別添「電離放射線障害に係る疾病の業務起因性判断のための調査実施要領」により調査し、検討する必要がある。

1　急性放射線症

次に掲げる要件のいずれにも該当すること。

(1) 比較的短い期間に相当量の電離放射線を全身又は身体の広範囲に被ばくした事実があること。

(2) 被ばく後数週間以内に発生した疾病であること。

(3) 次のイからニまでに掲げる症状のうちいずれかの症状が認められる疾病であること。

イ　はき気、嘔吐等の症状

ロ　不安感、無力感、易疲労感等の精神症状

ハ　白血球減少等の血液変化

ニ　出血、発熱、下痢等の症状

【解説】

(1) 1の（1）の「比較的短い期間」とは数日以内をいい、「相当量」とはおおむね25レム（rem）又はこれを超える線量をいう。

(2) 1の（2）は、急性放射線症は一般に被ばく後数時間以内に発生することが多く、数週間以上経過した後には起こり難いとの医学的知見に基づいて定めたものである。

(3) 線量と症状発現の関係については、一般に次のようにいわれている。

イ　おおむね25レムに満たない場合　一時的に血液変化を認める場合もあるが急性放射線症の症状は呈さない。

ロ　おおむね25レムから50レムである場合　血液変化を認める場合が多いが明らかな急性放射線症の全身症状は来たさない。

ハ　おおむね50レムを超える場合　線量の増加に伴って急性放射線症の症状が現われる。

2　急性放射線皮膚障害

次に掲げる要件のいずれにも該当すること。ただし、①労働者が大量の電離放射線に被ばくしたことにより発生した疾病で、被ばく後おおむね１日以内の間に発症する一過性の初期紅斑を伴うもの、②大量の電離放射線に被ばくしたことにより発生した疾病で、水泡、び爛のような強度火傷と同様の症状が認められるもの及び③比較的短い期間に相当量の電離放射線に被ばくすることにより発生した急性放射線皮膚障害が治ゆしないうちに引き続いて生じた難治性の慢性皮膚潰瘍又は治ゆした後に再発した難治性の慢性皮膚潰瘍が認められる疾病については、下記（1）から（3）までに掲げる要件にかかわらず業務との関連があるものとして取り扱う。

(1) 比較的短い期間に相当量の電離放射線を皮膚に被ばくした事実があること。

(2) 被ばく後おおむね数時間又はこれを超える期間を経た後に発生した疾病であること。

(3) 充血、紅斑、腫脹、脱毛等の症状が認められる疾病であること。

【解説】

(1) ２のただし書及び２の（1）の「比較的短い期間」とは十数時間以内をいい、「相当量」とは次の線量をいう。

イ　１回の被ばくによる場合　おおむね500レム又はこれを超える線量

ロ　間歇的被ばく又は放射性物質の付着による場合　おおむね1000レム又はこれを超える線量

(2) ２の（2）については、急性放射線皮膚障害は２週間程度の期間を経た後に発生することが多いことに留意する必要がある。

3　慢性放射線皮膚障害

次に掲げる要件のいずれにも該当すること。

(1) 相当量の電離放射線を皮膚に慢性的に被ばくした事実があること。

(2) 被ばく開始後おおむね数年又はこれを超える期間を経た後に発生した疾病であること。

(3) 乾性落屑等の症状を経過した後に生じた慢性潰瘍又は機能障害を伴う萎縮性瘢痕が認められる疾病であること。

【解説】

(1) ３の（1）の「相当量の電離放射線を皮膚に慢性的に被ばくした事実があること。」とは、３カ月以上の期間におおむね2500レム又

はこれを超える線量の電離放射線を皮膚に慢性的に被ばくした事実があることをいう。

(2) 慢性的に電離放射線に被ばくしやすい部位は手指であるが、手指の被ばく線量が測定されていない場合が多いので、このような場合には現地調査、モデル実験等を行って線量を推定する必要がある。

4　放射線造血器障害

次に掲げる要件のいずれにも該当すること。

(1) 相当量の電離放射線に慢性的に被ばくした事実があること。

(2) 被ばく開始後おおむね数週間又はこれを超える期間を経た後に発生した疾病であること。

(3) 白血球減少等の血液変化が認められる疾病であること。

【解説】

(1) 4の(1)の「相当量の電離放射線に慢性的に被ばくした事実があること。」とは、おおむね1年間に5レム又は3カ月間に3レムを超える線量の電離放射線を慢性的に被ばくした事実があることをいう。

(2) 4の(2)については、放射線造血器障害は被ばく開始後数年間を経た後に発生することが多いことに留意する必要がある。

(3) 4の(3)の「白血球減少等の血液変化」については、過去の血液検査所見の経過を観察のうえ判断する。

十分な検査成績が得られない場合等当該症状の有無の判断が困難な場合には、当分の間、次の表に示す各項目のいずれかの下限値を下廻り(すなわち、末梢血液1立方ミリメートル中の白血球数が男女ともそれぞれ4,000個未満であるか、末梢血液1立方ミリメートル中の赤血球数が男子においては400万個未満、女子においては350万個未満であるが、又は血液1デシリットル中の血色素量が男子においては12.0グラム未満、女子においては10.5グラム未満であるかのいずれかであること。)、かつ、それがウィルス感染症による白血球減少、慢性の出血による貧血のような他の疾患によるものでないと認められるものについては、血液変化が認められたものとして取り扱う。

| 項　目　　　　　性　別 | 男　子 | 女　子 |
|---|---|---|
| 末梢血液1立方ミリメートル中の白血球数 | 4000～9000個 | 4000～9000個 |
| 末梢血液1立方ミリメートル中の赤血球数 | 400～600万個 | 350～550万個 |
| 血液1デシリットル中の血色素量 | 12.0～17.0グラム | 10.5～16.0グラム |

（注）この表は、正常成人の大部分が示す範囲の数値を表示したものである。

5　白血病

次に掲げる要件のいずれにも該当すること。

(1) 相当量の電離放射線に被ばくした事実があること。

(2) 被ばく開始後少なくとも1年を超える期間を経た後に発生した疾病であること。

(3) 骨髄性白血病又はリンパ性白血病であること。

【解説】

(1) 5の（1）の「相当量」とは、業務により被ばくした線量の集積線量が次式で算出される値以上の線量をいう。

0.5レム×（電離放射線被ばくを受ける業務に従事した年数）

(2) 白血病を起こす誘因としては、電離放射線被ばくが唯一のものではない。また、白血病の発生が電離放射線被ばくと関連があると考えられる症例においても、業務による電離放射線被ばく線量に医療上の電離放射線被ばく線量等の業務以外の被ばく線量が加わって発生することが多い。このような場合には、業務による電離放射線被ばく線量が上記（1）の式で示される値に比較的近いものでこれを下廻るときは、医療上の被ばく線量を加えて上記（1）で示される値に該当するか否かを考慮する必要がある。この場合、労働安全衛生法等の法令により事業者に対し義務づけられた労働者の健康診断を実施したために被ばくしたエックス線のような電離放射線の被ばく線量は、業務起因性の判断を行うに際しては業務上の被ばく線量として取り扱う。

6　白内障

次に掲げる要件のいずれにも該当すること。

(1) 相当量の電離放射線を眼に被ばくした事実があること。

(2) 被ばく開始後少なくとも1年を超える期間を経た後に発生した疾病であること。

(3) 水晶体混濁による視力障害を伴う白内障であること。

【解説】

(1) 6の(1)の「相当量」とは、次の線量をいう。

イ　3カ月以内の期間における被ばくの場合　おおむね200レム又はこれを超える線量

ロ　3カ月超える期間における被ばくの場合　おおむね500レム又はこれを超える線量

(2) 電離放射線による白内障は、被ばく後長期間を経た後に発生するので、「老人性白内障」との鑑別が困難な場合が多い。したがって、被ばく線量を十分に把握のうえ業務起因性を判断することが必要である。

(3) 慢性的に電離放射線に被ばくしている場合には、眼の被ばく線量が測定されていることは稀である。

全身にほぼ均等に被ばくしていると判断される場合には、第3の1の(1)の個人モニタリングによる測定値に基づいて算出された集積線量をもって眼の被ばく線量として差し支えない。全身に均等に被ばくしていない場合で眼の被ばく線量が個人モニタリングによる測定値に基づいて算出された集積線量より多いと判断されるときは、その集積線量、作業状況、作業環境、安全防護の状況等(以下「作業状況等」という。)を総合的に検討して被ばく線量を推定する必要がある。

---

**【資料4】**

**病名ごとの検討結果等(電離放射線障害の業務上外に関する検討会)**

**○平成16年2月6日「多発性骨髄腫と放射線被ばくとの因果関係について」**

Ⅲ. 結論

現在までに報告されている疫学調査の結果から、多発性骨髄腫と放射線被ばくとの間には以下の関係があると考えることが妥当である。

(1) 原子力施設の作業者を対象にした疫学調査では、internal analysisにおいて、有意な線量反応関係が認められており、50mSv以上の被ばく群での死亡がこの関係に特に寄与している。

(2) 40－45歳以上の年齢における放射線被ばくが多発性骨髄腫の発生により大きく寄与している。

(3) 多発性骨髄腫の発症年齢は被ばく時年齢が高齢になるにしたがって高くなる。

**○平成20年10月6日「悪性リンパ腫、特に非ホジキンリンパ腫と放射線被ばくとの因果関係について」**

Ⅲ．悪性リンパ腫、特に非ホジキンリンパ腫と放射線被ばくとの因果関係

疫学調査の検討からは、上記のとおり結論づけられるものであるが、労災認定における因果関係の判断に当たっては、以下のとおりとすることが妥当である。

1　悪性リンパ腫、特に非ホジキンリンパ腫は、一般的にリンパ性白血病の類縁の疾患として取り扱われており、両者は類縁疾患とみなすことができる。このことを踏まえると、悪性リンパ腫、特に非ホジキンリンパ腫については、認定基準（昭和51年11月８日付け基発第810号「電離放射線に係る疾病の業務上外の認定基準について」）において白血病の認定の基準として定められている放射線被ばく線量を参考として、判断を行うことが適当と考えられる。

2　統計的有意性を認めている原爆被爆者を対象にした疫学調査（LSS）では、非ホジキンリンパ腫に関して直線性の線量反応関係を仮定した上で、全白血病と非ホジキンリンパ腫の放射線のリスクは下表のとおりであるとされている。

| | ERR/Sv | EAR/104PYSv | AR/0.01Gy（%） |
|---|---|---|---|
| 全白血病 | 3.9 | 2.7 | 50 |
| 非ホジキンリンパ腫 | 0.31（0.62） | 0.22（0.56） | 7.6（14） |

（注）1　（　）は、男性のみの値である。
2　全白血病に関しては、被ばく時年齢や到達年齢がリスクに大きな影響を与えるが、時間平均値として表す。
3　資料出所：Radiation Research 137, S68-S97. 1994

このリスク比率によると、(1) 非ホジキンリンパ腫とリンパ性白血病は類縁疾患ということができるが、放射線によるリスクは全白血病とは異なることが認められること、(2) 非ホジキンリンパ腫では男性における過剰リスクについてのみ有意差が認められており、そのリスクは全白血病のリスクの1/5～1/6程度であることから、非ホジキンリンパ腫のリスクは、全白血病のおおむね1/5に相当するものと判断することが適当である。

なお、一定の因果関係を認めることができるとされるのは、非ホジキンリンパ腫であるので、悪性リンパ腫の労災認定に当たっては、病理診断等を総合的に、慎重に考慮した上で、判断する必要があることを付言する。

**【資料５】**

**「電離放射線障害の業務上外に関する検討会」による報告書の概要**

**○平成24年9月　胃がん・食道がん・結腸がんと放射線被ばくに関する医学的知見の公表**

〈検討会報告書の概要〉

1　被ばく線量と胃がん・食道がん・結腸がんの発症リスクとの関係

(1) 胃がん・食道がん・結腸がんに関する個別の文献では、各々のがんの発症リスクは、１Sv以上の被ばく線量から確認されたと報告するものがある。

(2) より統計的に検出力の高い全固形がんに関する調査報告では、原子放射線の影響に関する国連科学委員会（UNSCEAR）は、被ばく線量が100から200mSv以上において統計的に有意なリスクの上昇が認められるとしている。また、国際放射線防護委員会（ICRP）は、がんリスクの増加について、疫学的研究方法では100mSv未満でのリスクを明らかにすることは困難であるとしている。

2　潜伏期間（放射線被ばくからがん発症までの期間）

・胃がん、食道がん、結腸がんの個別の文献での最小潜伏期間は、(1) 胃がん：10年、(2) 食道がん：５年、(3) 結腸がん：５年とされている。

・ICRPの勧告では、最小潜伏期間は５から10年程度。

3　放射線被ばく以外のリスクファクター

一般的に、がんの主な発症原因は生活習慣や慢性感染であり、年齢とともにリスクが高まるとされているが、各々のがんに関する代表的なリスクファクターは次のとおり。

(1) 胃がん：ピロリ菌、喫煙　(2) 食道がん：喫煙、飲酒　(3) 結腸がん：飲酒、肥満

〈当面の労災補償の考え方〉

1　放射線業務従事者に発症した胃がん・食道がん・結腸がんの労災補償に当たっては、当面、検討会報告書に基づき、以下の３項目を総合的に判断する。

(1) 被ばく線量

胃がん・食道がん・結腸がんは、被ばく線量が100mSv以上から放射線被ばくとがん発症との関連がうかがわれ、被ばく線量の増加とともに、がん発症との関連が強まること。

(2) 潜伏期間

放射線被ばくからがん発症までの期間が、少なくとも５年以上であること。

(3) リスクファクター

放射線被ばく以外の要因についても考慮する必要があること。

2　判断に当たっては、上記検討会で個別事案ごとに検討する。

**○平成27年1月　膀胱がん・喉頭がん・肺がんと放射線被ばくに関する医学的知見の公表**

〈検討会報告書の概要〉

放射線被ばくによるがんについては、原子放射線の影響に関する国連科学委員会（UNSCEAR）が行った医学文献の部位別レビューをまとめた「2006年報告書」と、2006年以降の医学文献を中心にレビューを行った。

1　被ばく線量と膀胱がん・喉頭がん・肺がんの発症リスクとの関係

(1) 膀胱がん・喉頭がん・肺がんに関するUNSCEARの報告や個別の文献で、各々のがんの発症・死亡が統計的に有意に増加する最小被ばく線量について記載されたものはない。

(2) 全固形がんに関して、UNSCEARは、被ばく線量が100から200mSv以上において統計的に有意なリスクの上昇が認められるとしている。また、国際放射線防護委員会（ICRP）は、がんリスクの増加について、疫学的研究方法では100mSvまでの線量範囲でのがんのリスクを直接明らかにすることは困難であるとしている。

2　潜伏期間（放射線被ばくからがん発症までの期間）

・UNSCEAR等の知見では、固形がんの潜伏期間は５年から10年としている。

・膀胱がんに関する個別の文献では、放射線治療後５年以降で発症リスクに有意な増加が認められるとするものがある。

3　放射線被ばく以外のリスクファクター

一般的に、がんの主な発症原因には生活習慣や慢性感染があり、年齢とともに発症リスクが高まるとされているが、各々のがんに関する代表的なリスクファクターは次のとおり。

(1) 膀胱がん：喫煙、ベンジジン　(2) 喉頭がん：喫煙、飲酒　(3) 肺がん：喫煙、石綿

〈当面の労災補償の考え方〉

1　放射線業務従事者に発症した膀胱がん・喉頭がん・肺がんの労災補償に当たっては、当面、検討会報告書に基づき、以下の３項目を総合

的に判断する。

(1) 被ばく線量

膀胱がん・喉頭がん・肺がんは、被ばく線量が100mSv以上から放射線被ばくとがん発症との関連がうかがわれ、被ばく線量の増加とともに、がん発症との関連が強まること。

(2) 潜伏期間

放射線被ばくからがん発症までの期間が、少なくとも５年以上であること。

(3) リスクファクター

放射線被ばく以外の要因についても考慮する必要があること。

2　判断に当たっては、検討会で個別事案ごとに検討する。

**○平成28年12月　甲状腺がんと放射線被ばくに関する医学的知見の公表**

〈検討会報告書の概要〉

原子放射線の影響に関する国連科学委員会（UNSCEAR）が医学文献の部位別のレビューをまとめた「2006年報告書」と、2006年以降の医学文献を中心にレビューを行った。

1　被ばく線量について

甲状腺がんに関する個別文献では、甲状腺がんの発生が統計的に有意に増加する最小被ばく線量を示す文献はなかった。

甲状腺がんを含む全固形がんを対象としたUNSCEARなどの知見では、被ばく線量が100から200mSv以上において統計的に有意なリスクの上昇は認められるものの、がんリスクの推定に用いる疫学的研究方法はおよそ100mSvまでの線量範囲でのがんのリスクを直接明らかにする力を持たないとされている。

2　潜伏期間について

甲状腺がんに関する個別文献では、原発事故後５年目から９年目の期間以降で甲状腺がん発生リスクが有意に増加したとするものがある。

UNSCEARなどの知見では、全固形がんの最小潜伏期間について、５年から10年としている。

3　放射線被ばく以外のリスクファクター

甲状腺がんは、放射線被ばく以外に、甲状腺刺激ホルモンのレベル上昇、多産、流産、人工閉経、ヨウ素摂取、食事がリスクファクターとなる可能性があると考えられている。

〈当面の労災補償の考え方〉

1　放射線業務従事者に発症した甲状腺がんの労災補償に当たっては、

当面、検討会報告書を踏まえ、以下の３項目を総合的に判断する。
(1) 被ばく線量
甲状腺がんは、被ばく線量が100mSv以上から放射線被ばくとがん発症との関連がうかがわれ、被ばく線量の増加とともに、がん発症との関連が強まること。
(2) 潜伏期間
放射線被ばくからがん発症までの期間が５年以上であること。
(3) リスクファクター
放射線被ばく以外の要因についても考慮する必要があること。

2　判断に当たっては、検討会で個別事案ごとに検討する。

**○平成29年10月　肝がんと放射線被ばくに関する医学的知見の公表**

〈検討会報告書の概要〉

原子放射線の影響に関する国連科学委員会（UNSCEAR）が医学文献の部位別のレビューをまとめた「2006年報告書」と、2006年以降の医学文献を中心にレビューを行った。

1　被ばく線量について
(1) 肝がん（肝細胞がん、胆管がん及び血管肉腫等）に関する個別文献では、肝がんの発生が統計的に有意に増加する最小被ばく線量ついて記載された文献はなかった。
(2) 肝がんを含む全固形がん※を対象としたUNSCEARなどの知見では、被ばく線量が100から200mSv以上において統計的に有意なリスクの上昇が認められ、がんリスクの推定に用いる疫学的研究方法はおよそ100mSvまでの線量範囲でのがんのリスクを直接明らかにする力を持たないとされている。
※胃がん、大腸がんなどのように、塊を作るがんの総称。固形がんではないものとして、白血病などの血液のがんがある。

2　潜伏期間について
(1) 肝がんに関する個別文献では、肝がんの最小潜伏期間について記載されたものはなかった。
(2) UNSCEARなどの知見では、全固形がん※の最小潜伏期間について、５年から10年としている。

3　放射線被ばく以外のリスクファクター
(1) 肝細胞がんについては、Ｂ型肝炎ウイルス・Ｃ型肝炎ウイルスへの感染、飲酒、喫煙、アフラトキシンへのばく露、エストロゲン・プロゲストゲン避妊薬の使用がリスクファクターとして知ら

れている。

(2) 胆管がんについては、1,2-ジクロロプロパンへのばく露、寄生虫感染（肝吸虫等）がリスクファクターとして知られている。

(3) 血管肉腫については、塩化ビニルへのばく露がリスクファクターとして知られている。

〈当面の労災補償の考え方〉

1　放射線業務従事者に発症したた肝がん（肝細胞がん、胆管がん及び血管肉腫等）のの労災補償に当たっては、当面、検討会報告書を踏まえ、以下の３項目を総合的に判断する。

(1) 被ばく線量

甲状腺がんは、被ばく線量が100mSv以上から放射線被ばくとがん発症との関連がうかがわれ、被ばく線量の増加とともに、がん発症との関連が強まること。

(2) 潜伏期間

放射線被ばくからがん発症までの期間が５年以上であること。

(3) リスクファクター

放射線被ばく以外の要因についても考慮する必要があること。

2　その他具体的検討

個別事案の具体的な検討に当たっては、厚生労働省における「電離放射線障害の業務上外に関する検討会」において引き続き検討する。

※　上記１の（1）及び（2）については、これまでの甲状腺がん等の固形がんに係る当面の労災補償の考え方と同一である。

---

**【資料６】**

## 原子力損害の賠償に関する法律（一部抜粋）

（目的）

第一条　この法律は、原子炉の運転等により原子力損害が生じた場合における損害賠償に関する基本的制度を定め、もつて被害者の保護を図り、及び原子力事業の健全な発達に資することを目的とする。

（定義）

第二条　この法律において「原子炉の運転等」とは、次の各号に掲げるもの及びこれらに付随してする核燃料物質又は核燃料物質によつて汚染された物（原子核分裂生成物を含む。第五号において同じ。）の運搬、貯蔵又は廃棄であつて、政令で定めるものをいう。

一　原子炉の運転

二　加工

三　再処理
四　核燃料物質の使用
四の二　使用済燃料の貯蔵
五　核燃料物質又は核燃料物質によつて汚染された物（以下「核燃料物質等」という。）の廃棄
２　この法律において「原子力損害」とは、核燃料物質の原子核分裂の過程の作用又は核燃料物質等の放射線の作用若しくは毒性的作用（これらを摂取し、又は吸入することにより人体に中毒及びその続発症を及ぼすものをいう。）により生じた損害をいう。ただし、次条の規定により損害を賠償する責めに任ずべき原子力事業者の受けた損害を除く。
〈３、４省略〉

（無過失責任、責任の集中等）

第三条　原子炉の運転等の際、当該原子炉の運転等により原子力損害を与えたときは、当該原子炉の運転等に係る原子力事業者がその損害を賠償する責めに任ずる。ただし、その損害が異常に巨大な天災地変又は社会的動乱によつて生じたものであるときは、この限りでない。
２　前項の場合において、その損害が原子力事業者間の核燃料物質等の運搬により生じたものであるときは、当該原子力事業者間に書面による特約がない限り、当該核燃料物質等の発送人である原子力事業者がその損害を賠償する責めに任ずる。
第四条　前条の場合においては、同条の規定により損害を賠償する責めに任ずべき原子力事業者以外の者は、その損害を賠償する責めに任じない。
２　前条第一項の場合において、第七条の二第二項に規定する損害賠償措置を講じて本邦の水域に外国原子力船を立ち入らせる原子力事業者が損害を賠償する責めに任ずべき額は、同項に規定する額までとする。
３　原子炉の運転等により生じた原子力損害については、商法（明治三十二年法律第四十八号）第七百九十八条第一項、船舶の所有者等の責任の制限に関する法律（昭和五十年法律第九十四号）及び製造物責任法（平成六年法律第八十五号）の規定は、適用しない。
（損害賠償措置を講ずべき義務）

第六条　原子力事業者は、原子力損害を賠償するための措置（以下「損害賠償措置」という。）を講じていなければ、原子炉の運転等をしてはならない。

（損害賠償措置の内容）

第七条　損害賠償措置は、次条の規定の適用がある場合を除き、原子力損害賠償責任保険契約及び原子力損害賠償補償契約の締結若しくは供託であつて、その措置により、一工場若しくは一事業所当たり若しくは一原子力船当たり千二百億円（政令で定める原子炉の運転等については、千二百億円以内で政令で定める金額とする。以下「賠償措置額」という。）を原子力損害の賠償に充てることができるものとして文部科学大臣の承認を受けたもの又はこれらに相当する措置であつて文部科学大臣の承認を受けたものとする。

2　文部科学大臣は、原子力事業者が第三条の規定により原子力損害を賠償したことにより原子力損害の賠償に充てるべき金額が賠償措置額未満となつた場合において、原子力損害の賠償の履行を確保するため必要があると認めるときは、当該原子力事業者に対し、期限を指定し、これを賠償措置額にすることを命ずることができる。

3　前項に規定する場合においては、同項の規定による命令がなされるまでの間（同項の規定による命令がなされた場合においては、当該命令により指定された期限までの間）は、前条の規定は、適用しない。

（原子力損害賠償補償契約）

第十条　原子力損害賠償補償契約（以下「補償契約」という。）は、原子力事業者の原子力損害の賠償の責任が発生した場合において、責任保険契約その他の原子力損害を賠償するための措置によつてはうめることができない原子力損害を原子力事業者が賠償することにより生ずる損失を政府が補償することを約し、原子力事業者が補償料を納付することを約する契約とする。

2　補償契約に関する事項は、別に法律で定める。

---

**【資料７】**

**労働者災害補償保険法**（一部抜粋）

第十二条の四　政府は、保険給付の原因である事故が第三者の行為によつて生じた場合において、保険給付をしたときは、その給付の価額の限度で、保険給付を受けた者が第三者に対して有する損害賠償の請求権を取得する。

2　前項の場合において、保険給付を受けるべき者が当該第三者から同一の事由について損害賠償を受けたときは、政府は、その価額の限度で保険給付をしないことができる。

**【資料8】**

## 放射線被ばくによる業務上疾病全認定事例

（現在の認定基準による昭和51年以降、放射線被ばくによる業務上疾病認定件数は全部で69件）

| 年度 | 傷病名 | 局名 |
|---|---|---|
| 1976 | 慢性放射線皮膚障害 | 福岡 |
| 1976 | 慢性放射線皮膚障害 | 福岡 |
| 1977 | 慢性放射線皮膚障害 | 北海道 |
| 1977 | 慢性放射線皮膚障害 | 東京 |
| 1979 | 慢性放射線皮膚障害 | 東京 |
| 1979 | 急性放射線皮膚障害 | 岡山 |
| 1980 | 皮膚がん | 東京 |
| 1980 | 皮膚がん | 東京 |
| 1982 | 慢性放射線皮膚障害 | 京都 |
| 1982 | 慢性放射線皮膚障害 | 京都 |
| 1982 | 慢性放射線皮膚障害 | 京都 |
| 1982 | 白血病 | 熊本 |
| 1982 | 慢性放射線皮膚障害 | 愛媛 |
| 1983 | 皮膚がん | 東京 |
| 1983 | 慢性放射線皮膚障害 | 神奈川 |
| 1984 | 慢性放射線皮膚障害 | 広島 |
| 1984 | 白内障 | 埼玉 |
| 1985 | 慢性放射線皮膚障害 | 岩手 |
| 1987 | 慢性放射線皮膚障害 | 山口 |
| 1987 | 皮膚がん | 宮城 |
| 1989 | 白血病 | 北海道 |
| 1990 | 皮膚がん | 東京 |
| 1991 | 白血病 | 福島 |
| 1992 | 肺がん | 東京 |
| 1993 | 皮膚がん | 東京 |
| 1994 | 慢性放射線皮膚障害 | 神奈川 |
| 1994 | 白血病 | 兵庫 |
| 1994 | 白血病 | 静岡 |
| 1994 | 白血病 | 京都 |
| 1995 | 白内障 | 東京 |
| 1995 | 皮膚がん | 兵庫 |
| 1998 | 急性放射線皮膚障害 | 長崎 |
| 1999 | 白血病 | 茨城 |
| 1999 | 急性放射線症 | 茨城 |
| 1999 | 急性放射線症 | 茨城 |

| 年度 | 傷病名 | 局名 |
|---|---|---|
| 1999 | 急性放射線症 | 茨城 |
| 2000 | 白血病 | 福島 |
| 2000 | 急性放射線皮膚障害 | 千葉 |
| 2000 | 急性放射線皮膚障害 | 千葉 |
| 2000 | 急性放射線皮膚障害 | 千葉 |
| 2001 | 皮膚がん | 東京 |
| 2002 | 急性放射線皮膚障害 | 東京 |
| 2003 | 多発性骨髄腫 | 福島 |
| 2003 | 慢性放射線皮膚障害 | 福井 |
| 2003 | 急性放射線皮膚障害 | 兵庫 |
| 2004 | 慢性放射線皮膚障害 | 東京 |
| 2004 | 皮膚がん | 大阪 |
| 2008 | 悪性リンパ腫 | 大阪 |
| 2009 | 慢性放射線皮膚障害、皮膚がん | 北海道 |
| 2009 | 慢性放射線皮膚障害、皮膚がん | 大阪 |
| 2009 | 多発性骨髄腫 | 福岡 |
| 2010 | 白内障 | 山形 |
| 2010 | 慢性放射線皮膚障害 | 岡山 |
| 2010 | 悪性リンパ腫 | 長崎 |
| 2010 | 慢性放射線皮膚障害、皮膚がん | 宮城 |
| 2011 | 白血病 | 福岡 |
| 2011 | 慢性放射線皮膚障害 | 愛知 |
| 2011 | 悪性リンパ腫 | 神奈川 |
| 2011 | 慢性放射線皮膚障害、皮膚がん | 栃木 |
| 2012 | 皮膚潰瘍、皮膚がん | 北海道 |
| 2012 | ボーエン病 | 沖縄 |
| 2012 | 放射線角化症 | 宮城 |
| 2012 | 悪性リンパ腫 | 福島 |
| 2013 | 慢性骨髄性白血病 | 福島 |
| 2013 | 悪性リンパ腫 | 兵庫 |
| 2015 | 白血病 | 福島 |
| 2016 | 白血病 | 福島 |
| 2016 | 甲状腺がん | 福島 |
| 2017 | 骨髄性白血病 | 福島 |

※開示請求により明らかになった厚生労働省本省が把握している2014（平成26）年2月までの65件に、その後公表された4例を加えて作成。

※網かけの部分は、原子力施設。

※151頁のコラムも参照のこと。